全彩图文

探秘中国茶 _{少儿版}

周智修　主编

1-3

U0173266

首批全国优秀出版社

中国农业出版社

农村读物出版社

图书在版编目（CIP）数据

全彩图文探秘中国茶：少儿版.1—3／周智修主编；
中国茶叶学会,中国农业科学院茶叶研究所组编. — 北
京:中国农业出版社,2023.1
ISBN 978-7-109-29634-3

Ⅰ.①全… Ⅱ.①周… ②中… ③中… Ⅲ.①茶文化
－中国－青少年读物 Ⅳ.①TS971.21-49

中国版本图书馆CIP数据核字（2022）第116799号

全彩图文 探秘中国茶少儿版1-3

QUANCAI TUWEN TANMI ZHONGGUOCHA SHAOERBAN 1—3

中国农业出版社出版
地址：北京市朝阳区麦子店街18号楼
邮编：100125
策划编辑：李 梅　　　责任编辑：李 梅
版式设计：水长流文化　　责任校对：吴丽婷
封面绘图：左佐森
印刷：北京中科印刷有限公司
版次：2023年1月第1版
印次：2023年1月北京第1次印刷
发行：新华书店北京发行所
开本：889mm×1194mm　1/16
印张：7.75
字数：200千字
定价：88.00元

阮浩耕　点茶非物质文化遗产传承人，《浙江通志·茶叶专志》主编

李亚莉　云南农业大学教授

李娜娜　中国农业科学院茶叶研究所副研究员

应小青　浙江旅游职业学院副教授

张吉敏　上海市黄浦区青少年艺术活动中心高级教师，上海市校外教育茶艺中心教研组 业务组长，上海市课外校外教师专业发展分中心茶艺项目带教团队负责人

张德付　礼仪学者

林燕萍　武夷学院副教授

周星娣　上海科学出版社副编审，中国国际茶文化研究会学术委员会委员

周智修　中国农业科学院茶叶研究所研究员，国家级周智修技能大师工作室领办人，中华人民共和国第一届职业技能大赛茶艺项目裁判长

段文华　中国农业科学院茶叶研究所副研究员

俞亚民　新昌县涯鱼文化创意有限公司总经理，摄影技师

袁海波　中国农业科学院茶叶研究所研究员

潘　蓉　中国农业科学院茶叶研究所助理研究员

薛　晨　中国农业科学院茶叶研究所副研究员

本册编撰及审稿(按姓氏笔画排序)

撰　稿　王　萍　朱世桂　刘伟华　刘　畅　刘　栩　许勇泉　阮浩耕　李劲芳
　　　　应小青　张吉敏　张德付　陈　星　陈　钰　段文华　袁　薇　爱新觉罗毓叶
　　　　潘　蓉　薛　晨

摄　影　陈春雨　俞亚民　陈丹恬　爱新觉罗毓叶

绘　图　张芯语　陈　星　滕　盛

演　示　王元正　李若一

审　稿　于良子　方坚铭　尹军峰　邓禾颖　朱永兴　朱红缨　刘　栩　关剑平　阮浩耕
　　　　陈　亮　周星娣　周智修　高　颖

序一

茶，是大自然赐予人类的礼物。作为中华优秀传统文化的重要组成部分，中华茶文化博大精深，蕴含着中华民族丰富的审美情趣、人文精神、价值观念和人生智慧。中华茶文化不仅深深影响着一代又一代中华儿女，也影响着全世界的饮茶爱好者。茶的世界很精彩，如果少年朋友们想要打开通往茶世界的大门，全面、科学地认知中国茶，了解中国茶文化，我推荐这套书。为什么呢？

首先，这是一套权威的书。这套书由中国茶叶学会和中国农业科学院茶叶研究所两家国字号单位联合牵头，精心策划，组织了国内近40名权威专家和一线茶文化传播工作者共同编写。作者们历时5年，几经修改，以科学的态度、通俗的语言对中国茶和茶文化做了生动的阐述，是集体智慧的结晶。

其次，这是一套系统性很强的书。丛书分1-3级、4-7级、8-10级共三册，以"泡一杯好喝的健康香茶"为主线，围绕茶知识、礼仪知识和茶、水、器等方面，由1至10级循序渐进，仿佛打开一幅中国茶的美妙画卷，慢慢展开，童趣无穷。丛书讲述茶的历史演变，介绍茶文化经典诗、书、画、印等文学艺术作品和精彩故事，让我们感受到古人与今人的美好"茶生活"和审美情趣。同时，丛书以科学的视角告诉我们，茶是什么，一杯茶里有什么，茶能带给我们什么，我们该如何喝茶、饮茶、吃茶、用茶、玩茶、事茶……可谓内容丰富！

第三，这是一套长知识学本领的书。这套书不仅带给我们茶的科学和文化知识，还能在实践中提高我们的动手能力、探索能力和创造能力。书中有许多有趣的互动游戏和探索实验，如动手练习并掌握泡茶时怎样选茶、选水、选器具，如何把握茶的投放量、泡茶的时间以及水的温度等，展现出茶艺的中和之美。

第四，这是一套图文并茂、轻松有趣的书。丛书精选了大量精美的图片，不仅有丰富的实物图，更有许多有趣的插画，都是作者们专门组织拍摄或绘制的，使之读来轻松有趣，易懂易会。

茶和茶文化，是灿烂辉煌的中华文化的重要组成部分。泡茶、品茶是一种修炼，能够培养我们做人和做事的自信、爱心、专心和用心。习茶不仅能陶冶情操、启迪智慧，还能使人知礼明理，带我们探索奥秘，从中汲取精神力量，增强文化自信，把中华优秀传统文化不断发扬光大。希望少年朋友们把茶融入日常生活，借一杯茶开启探索科学、感知文化、培养审美的大门。

少年朋友们，你们准备好了吗？让我们共同开启中国茶和茶文化的奇妙之旅吧！

中国国际茶文化研究会荣誉会长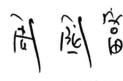

2022年5月

序二

我与茶结缘近60载，被茶叶这一片小小的叶子深深地吸引。茶的世界很大，不仅有很多的科学问题需要我们去探索，还蕴藏着深厚的历史文化底蕴等待着我们去挖掘。我和我的团队主要从事茶叶科学研究，同时不遗余力地倡导全民饮茶，让人们爱上中国茶，尤其是让少年朋友们爱上中国茶。很高兴看到这一套由国内近40名专家和一线茶文化传播工作者共同编写的关于中国茶的少年读物，它将成为少年朋友们走进茶的世界，探索茶科学与茶文化的一座桥梁。

中国是世界茶树原产地，茶是中国的"文明植物"。传说，"神农尝百草，日遇七十二毒，得茶而解之"，大约成书于汉代、作者托名神农的《神农食经》中记载："茶茗久服，令人有力悦志。"自古以来，不少文献记载了茶的功效，它能提神、醒脑、益思、抗氧化、助消化等，有益于人们的身心健康。经过长期的饮茶实践以及科学研究发现，茶叶中的各类有效成分能够在预防和治疗某些疾病上发挥作用。

科学饮茶，既能保健养生，又能怡情悦志。早在唐代，陆羽便撰写了世界上第一部茶叶专著《茶经》，系统地阐述了茶的种植、制作、煮饮等技艺，并提出了"精行俭德"的茶道思想。也就在这一时期，茶道不仅在中国兴起，还开始向国外传播。日本、朝鲜半岛等地使节、僧人来中国，了解了中国茶和饮茶文化，并将茶籽、茶具和茶饮文化带回国，由此，日本茶道、韩国茶礼萌芽。现今，全球81个国家和地区种有茶树，均是直接或间接从中国传播出去的。许多国家形成了各具特色的饮茶习俗。

茶，既是"柴米油盐酱醋茶"中的生活必需品，也同"琴棋书画"一样是我们的精神食粮。在这套丛书中，我们能深刻地体会茶的物质和精神两种属性。少年朋友们可以跟随这套书，探索茶科学，品赏茶饮的丰富多彩，跨越古今，品读茶的历史变迁，品味古人的文化生活。在习茶的过程中，学会专心和耐心，懂得感恩与谦卑，提升气质和修养，锤炼品格与心性。

希望"茶"的种子在少年朋友们心里生根发芽、茁壮成长，等待一日盛开出洁白的"茶花"，让你们的人生充满馨香。也希望你们成为茶文化的传承者，将茶文化的精神不断发扬光大。

中国工程院院士 陈宗懋

2022年5月

致小读者的一封信

亲爱的少年朋友：

中国是茶的故乡，茶树品种资源之丰富、种茶区域之辽阔、饮茶习俗之多样、传播范围之广泛，都堪称世界之最。茶的世界，色彩缤纷，有绿茶、红茶、青茶、黑茶、白茶、黄茶和再加工茶等；茶的烹煮，形式多样，有混煮羹饮、点茶茗战、撮泡清饮、现代调饮等；茶的文化，载体多元，有传说、诗词、书法、绘画、书籍、戏曲、歌舞……在生活中，我们常常因一杯茶而感到快乐。我们希望通过这套丛书，与大家分享茶的知识和茶带来的快乐与美好。

在内容安排上，丛书以"学点茶知识""泡一杯香茶"为主线，围绕茶科学、茶文化、茶礼仪与泡茶的茶、水、器等方面展开，根据知识的难易分为1-3级、4-7级、8-10级共三册10个层级，逐级递进，带领小读者们一起走进茶的世界，与茶对话，通过学茶、读诗、习礼、识茶、泡茶、品茶等学习实践，陶冶情操、锤炼品格。

跨越历史，我们一起领略古人的饮茶生活。妙谈18个饮茶趣闻，诵读15首经典茶诗，感受8大饮茶习俗，"重走"中国茶的传播之路，从中领略古人的生活情趣，了解当代茶文化的灿烂多姿。

穿越山海，我们一同踏遍各大茶区的绿水青山。探访国内4大茶区，深入25个名茶之乡，走进绿茶、红茶、青茶、黑茶、白茶、黄茶6大家族，结识茶叶大家族中的47个明星成员，科学认知中国茶的绚丽多姿。

动手实践，我们共同探索泡好一杯茶的奥秘。通过实验对比，我们感知14种不同类型的水冲泡茶汤的风味差异；认识各种泡茶用器的功能及用法，如玻璃、瓷、紫砂等不同材质，盖碗、壶、盏、杯等不同器型，学习用不同的器具冲泡不同特征的茶。专注泡茶，乐在品茶，学会探索，激发创造。

习茶明礼，我们保持谦卑之心，以礼相待，以茶养性。中国素为"礼仪之邦"，我们在习茶的同时，学习"视容""色容""口容""手容""声容"等容礼和"问候""接待""交往"等社交礼仪，做到知行合一。

为了让这趟茶世界的"探秘之旅"更为有趣，我们运用了大量精美的图片和有趣的插画，形象生动地为文字"解说"。

几句絮语，纸短情长。中华茶文化博大精深，三册图书难以尽述。希望青少年读者与我们一起探讨、完善，让我们一起感知有茶生活之美好，继承和弘扬祖先为我们留下来的优秀传统文化。

编委会

2022年5月

序一 / 5
序二 / 6
致小读者的一封信 / 7

Contents
目录

1
学点茶知识

第一章　走近中国茶

第一节　认识茶 / 12
一、茶树 / 12
二、茶叶 / 15
三、茶汤 / 16

第二节　中国茶之最 / 17
一、发现和利用茶最早 / 17
二、饮茶历史最长 / 17
三、创制茶具最早 / 18
四、著述茶书最早 / 18
五、提出"茶道"最早 / 19

第二章　爱上中国茶

第一节　经典茶诗五首 / 20
一、陆羽的《歌》/ 20
二、杜耒的《寒夜》/ 21
三、卢仝的《七碗茶歌》/ 21
四、白居易的《食后》/ 22
五、苏轼的"且尽卢仝七碗茶" / 23

第二节　饮茶趣闻 / 24
一、左思娇女喜饮茶 / 24
二、"茶圣"陆羽 / 24
三、王褒买奴仆烹茶 / 25

第三节　我喜爱的茶点 / 25
一、茶点的由来 / 25
二、茶点的种类 / 27

泡一杯香茶

第一章　习传统礼仪

第一节　容礼 / 29
一、立容 / 30
二、坐容 / 30
三、行容 / 31

第二节　问候礼仪 / 32
一、文明表达 / 32
二、客来敬茶 / 34

第二章　泡一壶清香的茶

第一节　三种常用的水 / 35
一、认识水 / 35
二、感受水温 / 36

第二节　认识茶器 / 36
一、煮水器——电热壶 / 37
二、泡茶器——直把壶 / 37
三、品茗杯 / 37
四、泡茶小帮手 / 38

第三节　泡一壶清香的茶 / 39
一、浓茶与淡茶 / 39
二、泡一壶绿茶 / 40

2 学点茶知识

第一章　探访中国茶

第一节　中国产茶区域 / 44
　　一、茶树的生长条件 / 44
　　二、产茶区域 / 45
　　三、主要产地 / 45
第二节　探访四大茶区 / 45
　　一、探北部的江北茶区 / 45
　　二、访美丽的江南茶区 / 46
　　三、寻古老的西南茶区 / 46
　　四、觅温暖的华南茶区 / 46
第三节　中国茶之最 / 47
　　一、茶园面积最大 / 47
　　二、茶叶产量最高 / 48
　　三、茶树资源与品种最多 / 48
　　四、茶叶品类最全 / 49
　　五、饮茶习俗最多 / 51

第二章　爱上中国茶

第一节　经典茶诗五首 / 52
　　一、杜甫的《重过何氏五首（之三）》/ 52
　　二、钱起的《与赵莒茶宴》/ 53
　　三、张文规的《湖州贡焙新茶》/ 53
　　四、白居易的《山泉煎茶有怀》/ 54
　　五、韦应物的《喜园中茶生》/ 54
第二节　饮茶趣闻 / 55
　　一、陆纳杖侄 / 55
　　二、茶做嫁妆 / 55
　　三、孙皓密赐茶荈当酒 / 56
第三节　我喜爱的茶点 / 56
　　一、中式茶点 / 56
　　二、西式茶点 / 59

泡一杯香茶

第一章　习传统礼仪

第一节　容礼 / 60
　　一、视容 / 60
　　二、色容 / 61
　　三、服饰之容 / 62
第二节　问候礼仪 / 63
　　一、称谓常识 / 63
　　二、寒暄问候 / 64
　　三、相见作礼 / 65

第二章　泡一杯甜香的茶

第一节　称茶 / 67
　　一、认识天平 / 67
　　二、称茶 / 67
　　三、茶量 / 68
第二节　五种天然的水 / 68
　　一、认识水 / 68
　　二、比较水 / 69
第三节　认识茶器 / 70
　　一、煮水器——煮水炉+煮水壶 / 70
　　二、泡茶器——同心杯 / 70
　　三、泡茶小帮手 / 71
第四节　泡一杯甜香的茶 / 71
　　一、浓茶与淡茶 / 71
　　二、泡一杯红茶 / 72

3

学点茶知识

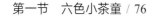

第一章　走进茶品大观园

第一节　六色小茶童 / 76
一、绿茶 / 76
二、红茶 / 79
三、青茶 / 80
四、白茶 / 83
五、黄茶 / 85
六、黑茶 / 86

第二节　中国茶之最 / 88
一、咏茶诗词最多 / 88
二、茶事绘画最多 / 88
三、茶书最多 / 89
四、茶学科学家最多 / 90
五、涉茶专业的高校最多 / 90

第二章　爱上中国茶

第一节　经典茶诗五首 / 91
一、左思的《娇女诗》（节选）/ 91
二、苏东坡的《汲江煎茶》/ 92
三、黄庭坚的《双井茶送子瞻》/ 93
四、汪士慎的《武夷三味》/ 94
五、唐寅的《〈事茗图〉题诗》/ 94

第二节　饮茶趣闻 / 95
一、佳茗似佳人 / 95
二、赌书泼茶 / 96
三、苏轼和司马光妙论茶与墨 / 96

第三节　我喜爱的茶点 / 97
一、含茶的茶点 / 97
二、不含茶的点心 / 98
三、茶点与茶的搭配 / 98

第三章　饮茶的好处多多

第一节　饮茶的老人更长寿 / 100
一、茶叶中的物质成分 / 100
二、饮茶者更长寿 / 101

第二节　饮茶的少年牙齿美 / 103
一、饮茶保护牙釉质 / 103
二、饮茶杀灭口腔中的"小虫虫" / 103

泡一杯香茶

第一章　习传统礼仪

第一节　容礼 / 105
一、口容 / 105
二、手容 / 106
三、爱护身心 / 108

第二节　接待礼仪 / 108
一、座位的安排 / 108
二、上茶与续水 / 109

第二章　调饮一款香甜的茶

第一节　茶香与茶味 / 110
一、香气 / 110
二、滋味 / 110

第二节　三种"天泉水" / 111
一、认识水 / 111
二、测量水温 / 112
三、水温的变化 / 112

第三节　认识茶器 / 113
一、调饮茶器种类 / 114
二、选择调饮茶器 / 115

第四节　制作调饮茶 / 116
一、常见的调饮茶 / 116
二、制作柠檬冰红茶 / 117
三、制作蜜桃乌龙茶 / 119
四、制作桂花绿茶 / 119

参考文献 / 121

后记 / 122

第一章　走近中国茶

茶起源于中国，中国是茶文化的发祥地。利用茶树的嫩芽和叶子，人们能加工出千姿百态的茶叶。让我们一起走进茶的大千世界吧。

第一节　认识茶

当茶树生长发芽时，我们就可以采摘它的芽叶制作成各种各样的茶叶，经冲泡就变成了美味的茶汤。

一、茶树

茶树由根、茎、芽与叶、花、果实和种子等器官组成。

1. 根

茶树的根在土壤中，一般呈棕灰色或红棕色。根的主要作用是固定茶树、把吸收的水分和养分输送至茶树的地上部分，以及贮藏合成的有机养分。

2. 茎

正常生长的茶树，与我们人一样，也有高、矮、胖、瘦之分。根据茎（主干）是否明显，茶树树型可分为乔木型、小乔木型和灌木型三种。乔木型茶树

乔木型茶树（陈亮 提供）　小乔木型茶树（金基强 提供）　灌木型茶树

茶树的树型

主干明显，分枝部位高，茶树通常高达3～5米；灌木型茶树无明显主干；小乔木型茶树介于乔木型和灌木型茶树之间，也有较明显的主干。

3. 芽与叶

生长在枝条顶部的芽叫顶芽，生长在枝条和叶子夹角处的芽叫腋芽。芽的表面一般被茸毛覆盖，有的茶树品种茶芽茸毛多，有的茶树品种茶芽茸毛少或者没有。

顶芽和腋芽　　茸毛多的茶芽　　茸毛少的茶芽

茶树的芽

在茶树枝条上，可以看到叶片是以互生的方式生长，而不是对生。

仔细观察茶树的叶片，可以看到网状的脉络。

在叶片的边缘，有明显且细密的锯齿。

叶片互生、叶脉网状、叶缘有锯齿，这是茶树叶片的三个主要特征。

茶树叶片（互生）　桂花树叶片（对生）

茶树叶片的网状脉

茶树叶片叶缘的锯齿

茶树叶片有长椭圆形、披针形、卵圆形、椭圆形等形状。

根据茶树成熟叶片面积（叶长×叶宽×0.7）的大小，我们将叶面积≥60平方厘米的叶片称为特大叶；将40平方厘米≤叶面积<60平方厘米的叶片称为大叶；将20平方厘米≤叶面积<40平方厘米的叶片称为中叶；将叶面积≤20平方厘米的叶片称为小叶。

长椭圆形　　披针形　　卵圆形　　椭圆形　　　　　特大叶　　大叶　　中叶　小叶

茶树叶片的形状　　　　　　　　　　　　　　　　**茶树叶片的大小**

4. 花

我国的茶树，一般在每年的10月至12月开花，茶花散发出阵阵清香，吸引好多小蜜蜂来采蜜。茶花的花瓣大部分呈白色，少数呈粉色或者淡绿色，雄蕊大多为黄色。

花瓣

雄蕊

茶树的花

5. 果实和种子

在我国多数茶区，茶花受粉后，要到第二年10月中旬后果实才开始成熟。在此期间，同时进行花与果的发育过程，呈现"带子怀胎"的有趣现象。栽培茶树成熟果实一般有3个室，部分野生茶树具有4～5个室，每室有1粒种子，部分有2粒种子。果实形状有球形、肾形、三角形、四边形以及梅花形。

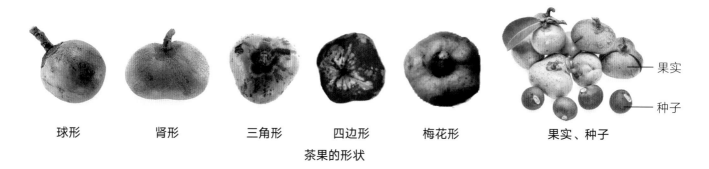

球形　　　肾形　　　三角形　　　四边形　　　梅花形　　　果实、种子

果实

种子

茶果的形状

二、茶叶

茶树的鲜叶和嫩芽经采摘、加工后，成为日常饮用的茶叶。依据不同的加工工艺，茶叶可分为绿茶、红茶、青茶、白茶、黄茶和黑茶六大类。著名的茶叶有西湖龙井茶、祁门红茶、铁观音、白毫银针、君山银针、六堡茶等。

以六大茶类为基础再加工的茶称为再加工茶，包括花茶、茶粉等。

1. 西湖龙井茶

西湖龙井茶属绿茶类，产地在浙江省杭州市西湖区，以"色绿、香郁、味甘、形美"四绝而闻名。它的外形扁平、光滑，颜色呈黄绿色。

西湖龙井茶

2. 祁门红茶

祁门红茶简称"祁红"，属红茶类，产地在安徽省黄山市祁门县及周边县。它的外形呈紧细、秀长的条状，颜色乌黑油润、有光泽，冲泡后汤色红亮，非常漂亮。

祁门红茶

3. 铁观音

铁观音属青茶类，产地在福建省泉州市安溪县。它的外形卷曲呈颗粒状，放在手中很有分量，颜色呈砂绿色，冲泡后花香浓郁，有"七泡有余香"的美誉。

铁观音

4. 白毫银针

白毫银针是以肥壮的茶芽制成的茶叶，属白茶类，主要产地在福建省福鼎市、政和县等地。它的外形挺直，满披白毫，呈银白色。

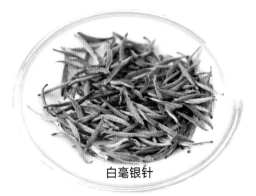

白毫银针

5. 君山银针

君山银针是以茶芽制成的茶叶，属黄茶类，产地在湖南省岳阳市洞庭湖的君山岛。它的外形似针，茶芽呈橙黄色，并被白毫包裹，有"金镶玉"的雅号，冲泡后还有特别的熟果香，好看又好喝。

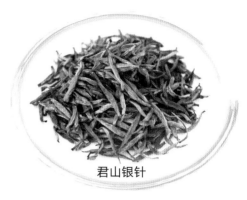

君山银针

6. 六堡茶

六堡茶属黑茶类，产地在广西壮族自治区苍梧县六堡镇。六堡茶呈黑褐色，油润有光泽。六堡茶的品质可用"红、浓、醇、陈"四字概括，即汤色红浓，滋味甘醇，香气陈厚，带有槟榔香。

六堡茶

7. 茉莉花茶

茉莉花茶属再加工茶类，产地在福建省福州市、广西壮族自治区横州市、四川省犍为县等地。茉莉花茶以绿茶为茶坯，采摘含苞待放的茉莉花花蕾，与绿茶混合，让茶吸花香，窨制成茉莉花茶。茉莉花茶有浓浓的花香，非常迷人。

茉莉花茶

三、茶汤

不同茶类的茶叶，在冲泡后会呈现出不同的颜色和光泽。上述7款茶叶用开水冲泡，茶汤颜色有明显的区别。

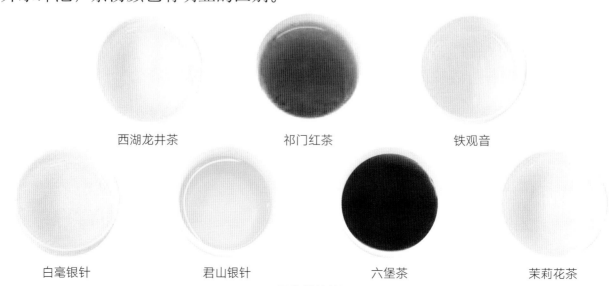

| 西湖龙井茶 | 祁门红茶 | 铁观音 |
| 白毫银针 | 君山银针 | 六堡茶 | 茉莉花茶 |

不同茶样的茶汤

不同茶样的茶汤色泽

茶名	茶类	汤色
西湖龙井茶	绿茶	嫩绿
祁门红茶	红茶	红亮
铁观音	青茶	橙黄
白毫银针	白茶	浅杏黄
君山银针	黄茶	杏黄
六堡茶	黑茶	红浓
茉莉花茶	再加工茶	嫩黄绿

茶汤颜色不同，是茶汤里物质成分不一样所致。

第二节 中国茶之最

茶叶是一片神奇的东方树叶。中国拥有许许多多茶方面的世界之最，让中国人为之骄傲。让我们一起去了解一下中国茶之最吧。

一、发现和利用茶最早

传说，早在神农时代，我们的祖先发现了茶，将茶用于食用、药用，并知道了茶叶具有令人兴奋和解毒的作用。世界上现有80多个国家和地区都种植茶树，170多个国家和地区的20多亿人有饮茶的习惯。科学家们通过研究发现，茶树原产于中国，中国是最早发现和利用茶的国家。

二、饮茶历史最长

中国饮茶历史悠久，据清代顾炎武《日知录》记载"自秦人取蜀而后，始有茗饮之事"。秦始皇统一中国之后，蜀地的饮茶习俗传到北方地区。汉景帝阳陵封土东侧出土的古代茶叶，是目前可见最早的茶叶实物，这些茶叶距今已经有2100多年的历史，这一发现至少证明，西汉时期，茶叶已经出现在宫廷中。至魏晋南北朝时期，饮茶作为一种生活方式被人们接受。茶的饮用从煮羹混饮演变为清饮和调饮，逐渐形成了现今中华民族多元化的饮茶习俗。

汉景帝墓出土茶叶
（汉景帝阳陵博物馆 提供）

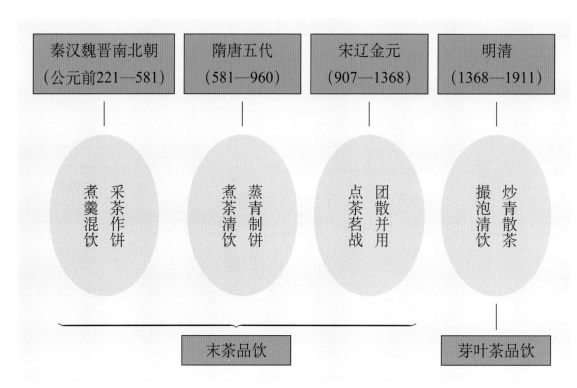

秦汉魏晋南北朝（公元前221—581）	隋唐五代（581—960）	宋辽金元（907—1368）	明清（1368—1911）
采茶作饼　煮羹混饮	蒸青制饼　煮茶清饮	团散并用　点茶茗战	炒青散茶　撮泡清饮

末茶品饮　　　　　　　　　　　　芽叶茶品饮

不同历史时期的主流饮茶方式

三、创制茶具最早

据史料记载和考古发现，我国在汉代已有茶器具。西汉王褒《僮约》记载有"烹茶尽具"，据此推测当时已有饮茶相关器具。20世纪90年代，在浙江省湖州市东汉墓葬考古中发现了一只完整的青瓷茶瓮，肩部刻有一"茶"字，科学家们推断这只茶瓮便是当时的贮茶器具。该茶瓮现藏于浙江省湖州市博物馆。

青瓷茶瓮和其肩部的"茶"字

四、著述茶书最早

唐代时，上至王公贵族，下至平民百姓，饮茶的风俗兴起。茶圣陆羽基于对茶的考察、实践与研究，于760年前后撰写了世界上第一部关于茶的著作——

《茶经》。《茶经》距今已有1200多年。全书7000多字，分十章：一之源，二之具，三之造，四之器，五之煮，六之饮，七之事，八之出，九之略，十之图。《茶经》一书全面总结了唐及唐以前的茶事和茶文化，系统地阐述了茶树栽培、茶叶采制与煮饮等技艺，首次提出了"精行俭德"的茶道思想。

陆羽雕塑

《茶经》书影（部分）

五、提出"茶道"最早

"茶道"一词，最早出于中国唐代诗歌。唐代诗人、陆羽的好友皎然在《饮茶歌诮崔石使君》一诗中有：

一饮涤昏寐，情来朗爽满天地。

再饮清我神，忽如飞雨洒轻尘。

三饮便得道，何须苦心破烦恼

……

孰知茶道全尔真，唯有丹丘得如此。

他夸赞茶为"破烦恼"的"清高之物"，饮者从饮茶中"得道"，即能达到一种不为外物所打扰的精神自由。"茶道"究竟是什么，只有神仙丹丘子知道。1200多年来，中国茶道内涵逐渐丰富，现今包含了和、敬、清、美、真等思想内涵。

第二章　爱上中国茶

茶、咖啡、可可并称为世界三大无酒精饮料。无论是"琴棋书画诗酒茶"的茶，还是"柴米油盐酱醋茶"的茶，茶已经深深融入了中国人的生活。相信通过学习茶知识，你会爱上中国茶。

第一节　经典茶诗五首

中国是诗的国度，唐诗、宋词犹如中国文化的两座山峰。唐宋诗词中有许多吟诵茶的优美佳作。经常诵读茶诗，不仅可以丰富我们的茶知识，还能提升我们的课外阅读能力！让我们一起来读一读、讲一讲、背一背下面这五首唐宋经典茶诗吧！

一、陆羽的《歌》

陆羽多才多艺，除撰写《茶经》外，还留下许多茶诗文，其中有一首《歌》，表达了陆羽不羡慕荣华富贵，只喜欢家乡西江水，立志专心事茶的恬淡志趣和高风亮节。因为这首《歌》里有六个"羡"字，故又称它为《六羡歌》。

六羡歌

不羡黄金罍，

不羡白玉杯。

不羡朝入省，

不羡暮入台。

千羡万羡西江水，

曾向竟陵城下来。

意译参考

我不想要黄金做的酒壶，
我也不想要白玉做的酒杯。
我不羡慕那些能进入皇宫上早朝的高官，
我也不羡慕那些能出入台院官署的大人物。
我只羡慕故乡的西江水，
日夜不停地流向竟陵城。

二、杜耒的《寒夜》

杜耒是南宋著名诗人，《寒夜》是他写的一首七言古诗，表达了作者因好友寒夜到访的欣喜之情，赞美客人高雅的品格。这首诗非常有名，还被选入了《千家诗》呢。

寒夜

寒夜客来茶当酒，

竹炉汤沸火初红。

寻常一样窗前月，

才有梅花便不同。

意译参考

寒冷的夜晚，来了客人。我以茶代酒，满心欢喜地招待他，
暖暖的竹炉，沸腾的茶水，红红的炭火，一切都那么美好。
今晚的月亮，跟平时一样照着窗台，
但因有了高雅的梅花做伴，连月亮也显得和平时不一样。

三、卢仝的《七碗茶歌》

卢仝是唐代著名诗人，自号玉川子。卢仝有一首七言古诗《走笔谢孟谏议寄新茶》，非常有名，诗中有一段，从一碗到七碗，写出了品饮新茶带给人的美妙感觉，所以人们将诗中这一段称为《七碗茶歌》。

七碗茶歌

一碗喉吻润，

两碗破孤闷。

三碗搜枯肠，

唯有文字五千卷。

四碗发轻汗，

平生不平事，

尽向毛孔散。

五碗肌骨清，

六碗通仙灵。

七碗吃不得也,

唯觉两腋习习清风生。

> **意译参考**
>
> 喝一碗茶,甘甜的茶水滋润我的喉咙和嘴巴。
>
> 喝两碗茶,孤单、烦闷就被赶跑了。
>
> 喝三碗茶,搜肠刮肚,
>
> 只留下文字五千卷。
>
> 喝四碗茶,浑身就开始冒汗,
>
> 所有不开心的事情都从毛孔散发出去。
>
> 喝五碗茶,感觉肌肉骨骼都变得放松了,身体非常舒服,
>
> 喝六碗,可以直通仙界灵府。
>
> 第七碗茶,可不能再喝了呀,不然,两边腋下就有清风吹拂升腾,整个人飘飘欲仙。

四、白居易的《食后》

白居易,字乐天,号香山居士,又号醉吟先生,是唐代伟大的现实主义诗人,有"诗魔"和"诗王"之称。《长恨歌》《卖炭翁》《琵琶行》等著名诗篇都是白居易的大作,非常厉害吧!白居易很爱茶,也经常喝茶、写茶诗,留下60多首关于茶的诗。《食后》这首诗主要表达他不以物喜、不以己悲,追求闲适生活的情怀。

食后

食罢一觉睡,

起来两瓯茶。

举头看日影,

已复西南斜。

乐人惜日促,

忧人厌年赊。

无忧无乐者,

长短任生涯。

意译参考

吃完饭就好好地睡一觉，睡醒就喝两碗茶。

抬头看看日影，太阳已落到西南边去了。

乐观开心的人会惋惜每天过得真快，悲观忧伤的人会感叹度日如年。

那些既不过分悲愁也不过分乐观的人，不在乎时间的长短，一切都顺其自然。

五、苏轼的"且尽卢仝七碗茶"

苏轼，字子瞻，号东坡居士，人们称他苏东坡。他是北宋文学家、书法家、画家。苏东坡非常爱茶，写过不少茶诗、茶词。他懂得很多茶历史，也很懂得如何种茶、品茶。他认为茶有很好的保健功效，所以常年坚持喝茶。在杭州任地方官时，有一天，他因为生病，就请假外出，遍游佛寺，一天喝了七盏浓茶，神清气爽，兴致勃勃，把自己比作维摩菩萨，又自比谢灵运，说卢仝的"七碗茶"比魏文帝的"一丸药"更神奇，他不需要求医看病，喝了香茶，病就好了。"且尽卢仝七碗茶"就是这首茶诗《游诸佛舍，一日饮酽茶七盏，戏书勤师壁》中的名句。茶是健康、安全的天然饮品，让我们从小养成爱喝茶的好习惯吧！

游诸佛舍，一日饮酽茶七盏，戏书勤师壁

示病维摩元不病，

在家灵运已忘家。

何须魏帝一丸药，

且尽卢仝七碗茶。

意译参考

曾向佛祖称病的维摩原本无病，

在家修行的谢灵运早已忘家。

欲求无病何须魏文帝那一丸药，

还是学卢仝畅饮这七碗茶吧。

第二节　饮茶趣闻

中华民族自古以来就非常喜爱喝茶，留下许多有趣动人的茶故事。

一、左思娇女喜饮茶

儿童可以喝茶吗？答案是可以。早在1700多年前，中国的历史上就有了儿童喝茶的故事记载。

西晋时期，有一位大文学家叫左思。有一天，左思两个可爱的小女儿，在玩得口干舌燥时急着想要喝茶，但是水还没有烧开，怎么办呢？这个时候，两个女儿想了一个办法——用嘴对着烧水的风炉吹气，心里想着："水啊水啊！快快开吧！"

这一幕，被在旁边的父亲左思看见了，他觉得两个女儿天真烂漫，实在可爱，于是在《娇女》诗中写道："心为茶荈剧，吹嘘对鼎铴。"《娇女》诗也成为历史上最早记载儿童饮茶的茶诗。

二、"茶圣"陆羽

"茶圣"陆羽是唐朝人，一生爱喝茶，精于茶道。陆羽一生吃了很多苦，从小被父母遗弃，幸得一位叫智积的禅师抚养长大。陆羽幼时在寺院中学习，喜欢吟读诗书。

后来，陆羽游历巴山峡川，实地考察了各地茶山，撰写出了广为流传的划时代巨著《茶经》，被后世誉为"茶仙"，尊为"茶圣"，祀为"茶神"。

陆羽在文学、史学与地理、方志等方面都取得了很大的成就，宋代诗人梅尧臣在《次韵和永叔尝新茶杂言》这首咏茶诗中对陆羽给予高度评价："自从陆羽生人间，人间相学事春茶。"

茶圣陆羽雕像

三、王褒买奴仆烹茶

西汉王褒，神爵三年（公元前59年）正月，因事赴成都，到亡友的妻子杨惠家做客。王褒派奴仆便了去买酒。便了不从，跑到主人坟前哭诉，不想为王褒买酒。王褒大怒，决定出钱买下便了，还写下一纸契约。便了开始时还倔强提出，你要我干的活，今天就得说定写在契约上，今后凡契约上没有的活，我不干！王褒答应，即写下《僮约》一文，详细开列了春夏至秋冬、晨起至夜半的各种劳役项目。其中有"烹茶尽具""武阳买茶"两项茶事。

《僮约》记载了西汉时烹茶饮茶已进入成都官吏富裕人家，茶叶已商品化，还有了专用的茶具。便了，是2000年前唯一留下名字的烹茶人。

第三节 我喜爱的茶点

茶点精致小巧，口味多样，营养丰富，是我们日常生活中喜爱的零食。

一、茶点的由来

1. 什么是茶点

茶点是佐茶的点心。茶点的制作原料种类多，营养丰富，口味多种多样，适合与不同的茶搭配。茶点的外形通常比普通的点心小，一般比较小巧玲珑、美观、精致；在加工制作方面，茶点更为精细。茶点既可果腹，也可增进品茶的感受，茶和点是一对好朋友哦。

2. 历代茶点

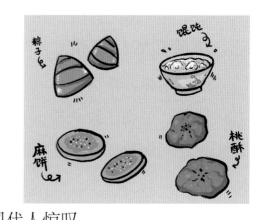

据史料记载，唐代的茶点较为丰富。例如粽子，其制法与今天相似，唐玄宗诗云："四时花竞巧，九子粽争新"；再如馄饨，古时的馄饨类似现在的饺子，或蒸或煮，味道极美；还有饼类，皮薄、内有肉馅，煎制而成，皮酥肉嫩；还有其他面点等。唐代茶点之丰富，让现代人惊叹。

宋元时期有了专门制作茶点的行业。宋代是茶点发展的一个高峰，各种果子和面食制作精美。在士大夫的茶宴上，精美的点心成了主角，如甘露饼、玉屑糕、天花饼等，听上去就很诱人。

明代各类茶肆、茶坊、茶屋、茶摊、茶铺、茶馆等林立，茶馆里供应各种茶点、茶果。茶点有馎饽、火烧、寿桃、果馅饼、艾窝窝、芝米面、枣糕、荷花饼、乳饼、玫瑰元宵饼、檀香饼等；茶果有柑、金橙、红菱、荔枝、马菱、橄榄、雪藕、雪梨、大枣、荸荠、石榴、李子等。

茶点的真正鼎盛时期是清代。康乾盛世时，清朝茶馆里的茶点、茶果集前几代之大成。茶馆的茶点有酱干、瓜子、酥烧饼、春卷、糖油馒头等。

当代茶点讲究配料科学、加工精细、造型美观。茶点的花色品种随着季节而变，即所谓的春饼、夏糕、秋酥、冬糖。一月（指农历，下同）至三月主要有春饼，如酒酿饼、雪饼、杏仁饼、闵饼、豆仁饼等；四月至六月主要有夏糕，如黄松糕、松子黄千糕、五色方糕、绿豆糕、清水蜜糕、薄荷糕、白松糕等；七月至九月有秋酥，如巧酥、豆仁酥、酥皮月饼、太史酥、桃酥、麻酥等；十月至十二月有冬糖，如黑切糖、粽子糖、寸金糖、梨膏糖、芝麻浇切片糖、松子软糖、胡桃软糖等。

二、茶点的种类

茶点有许多不同的分类方法。按照茶点中是否含茶，可以分为不含茶的茶点和含茶的茶点。根据茶点的特点与来源，可以分为中式茶点和西式茶点。

1. 不含茶的茶点

不含茶的茶点源于我们日常的点心，主要包括中式点心和西式点心。

中式点心：中式点心源于中国，经过几千年的发展，目前中式点心品种繁多，风味各异，是我们中国饮食文化的重要组成部分和宝贵财富。

西式点心：西式点心主要源于欧美国家，有浓厚的西方民族风格和特色，配方精确，咸甜酥松，种类变化繁多，如慕斯蛋糕、泡芙等。

2. 含茶的茶点

含茶的茶点包括用茶叶制作的茶点、用茶汤制作的茶点、用茶粉制作的茶点等。

末茶提拉米苏

绿茶饼干

茶面条

泡一杯香茶

第一章　习传统礼仪

中国素有"礼仪之邦"之称，中国人也以彬彬有礼而著称于世，文明礼仪是中国传统文化的重要组成部分。

茶事活动所涉及的传统礼仪，主要包括个人容礼、宾主交往礼仪和公共礼仪等，这些都是小茶人必备的知识与修养。我们先从容礼和问候礼仪开始学习吧。

第一节　容礼

什么是容礼？

容礼是个人仪容方面的礼仪，包括视、听、言、行，以及容色、声音、气息，乃至服饰、饮食、起居等方面。

立容、坐容、行容合称三大基本容礼。立容是其他两容的基础，我们先学习立容吧。

一、立容

立容是站立的仪容，俗称站相。我们体育课上都学过立正，那也是一种立容。但是，我们传统的立容与立正不太一样。

1. 立容要点

传统立容，根据俯身程度，主要分为经立、恭立、肃立三种。

经立又称正立，其仪容如下：双足平放，并拢；两肩放松，背部挺直；两手交拱，自然下垂；头容正直，下巴微颔；两眼平视前方。一般情况下，拱手时，男子左手在外，女子右手在外。

恭立是在经立的基础上，俯身约15°，并保持这个姿势。

肃立则是在经立的基础上，俯身约45°。

不论恭立还是肃立，颈部都要保持正直，不低头，不仰头，视线随弯腰时自然降低。

2. 立容禁戒

首先，站立时，我们的身姿要保持端正，身体重心要放在两足之间；即便非常劳累，也不要倚立，比如斜倚墙壁、树木等。其次，我们不要在危险的地方站立，以免身体受到伤害。再次，我们不要在出入口、道路中央等地方站立，尽量不要妨碍他人。

二、坐容

坐容是关于坐的仪容，俗称坐相。在漫长的历史长河中，中国人逐渐从席地而坐转变为垂脚而坐。

1. 坐容要点

与立容类似，坐容可以根据俯身程度分为经坐、恭坐、肃坐三种。

经坐也称正坐，其要点如下：两足平放，并拢；两肩放松，背部挺直；男子两手平放在大腿上，女子两手交拱自然垂于腹前；头容正直，下巴微颔；两眼平视前方。在此基础上，俯身约15°为恭坐，俯身45°为肃坐。一般坐座位的1/2～2/3处，不要坐满椅面，无事而坐，可以稍靠后坐。

2. 坐容禁戒

不要蹲坐。如果确实需要蹲下，应该单膝蹲。

不要箕坐。箕坐，是指两腿张开，像簸箕一样。箕坐姿势不雅，且含有羞辱他人的意味，非常失礼。

不要伸腿坐。两腿自然收回，小腿与大腿所成角度最好不要超过90°。

坐下之后，整个身体都要保持安定的状态，不要轻易动摇。不要抖动大腿；不要跷二郎腿；不要两足交叠；不要两足错开，移来动去。

3. 共坐

与人共坐，也应当讲求礼仪。两人并坐，不要将肘部横放，以免妨碍他人；多人共坐，长者居中。

三、行容

行容是行走的仪容，俗称走相。

1. 行容要点

行容的起始状态为经立。行走时要注意下面几点：胳膊不要大幅度甩动，腰髋不要扭动，肩膀不要倾斜、耸动。总之，身体保持正直，以正常的速度向前直行。行走时要稳重，从容不迫。

行走涉及四大要素：步频、步幅、事情的缓急、空间的大小。步频（脚步频率）、步幅（步子大小）是我们可以主动调节的，事情的缓急、空间的大小是客观存在的事实。我们要根据实际情况调节自己的步法。事情越紧急，步频越快，步幅越大；空间越狭小，步频越慢，步幅越小。急行主要是出于恭敬，缓行主要是出于慎重。

行容讲究进退有度，有时需要向后退行——我们向师长告辞时，不可直接转身离开，应该先躬身后退两三步，然后转身离开。

2. 共行

与人共行，要注意前后、秩序。两人共行，主要分为三种情况：对方年龄与父亲相当的，行走时，应该跟随在对方的身后，彼此之间保持一到两个人的距离；对方年龄与兄长相当的，行走时，跟在对方的侧后方，像雁阵一样（"人"字形）；与朋友或同龄人同行，不可以争抢着走在前面。若是多人（三人及以上）共行，不可以并排，应该按照长幼或高矮排成雁阵或一队行进，这主要是为了不妨碍他人。

3. 相向而行

两人相向而行时，一般从彼此的左手边走过。

第二节　问候礼仪

与人交往少不了开口说话，说话在人际交往中发挥着重要的作用。说话是一门艺术，也是一种修养。人们常说："言语是心灵的窗户。"

一、文明表达

"鹦鹉能言，不离飞鸟；猩猩能言，不离禽兽。"虽然鹦鹉和猩猩也能像人一样发出声音，但它们始终是动物，不懂得人类的文明和礼仪。

人类不同于动物。日常生活中，合理地使用文明礼貌用语和掌握语音、语调，可以让我们说出来的话更"好听"，让沟通变得更容易。

1. 文明用语

学会使用"您好、请、谢谢、对不起、再见"十字文明用语，可以让沟通更顺畅。

"您好"是表示敬意的问候和打招呼方式。例如："您好，请问您喜欢喝绿茶还是红茶呢？"

"请"是表示对他人的敬意。例如："请进，请坐，请喝茶。"

"谢谢"是表示感谢的礼貌用语。例如："谢谢您的帮助。"

"对不起"是向他人表示歉意的礼貌用语。例如："对不起，我不小心把您的杯子打翻了。"

"再见"是人们在分别时使用的告别语。例如："再见，欢迎您下次再来。"

2. 语音和语调

（1）语音

语音是我们说话的声音，因为每个人的音高、音强、音长、音色不同，发出来的声音也不一样。

比如，当爸爸妈妈下班后回到家里，可以为他们奉上一杯茶，并且说："爸爸妈妈辛苦了，请喝一杯茶。"此时的语气一定是充满着关心和爱，声音轻柔甜美。但如果声音很高，粗声粗气地说："今天辛苦了！桌上有茶！喝吧！"爸爸妈妈的感受一定是与听到上一句截然不同。这就是音高、音强、音长在说话中的作用。

（2）语调

语调通常是指说话的腔调，就是一句话里声调高低、抑扬、轻重的变化，表示一定的语气和情感。

平调的语调平稳，变化不大，常用来表示严肃、冷淡、叙述、介绍等语气。例如：西湖龙井茶产自浙江杭州。→

升调的语调先平后高，或句末上升，常用来表示怀疑、反问、惊讶、号召、呼唤、口令等。例如：这杯茶，是你泡的？↑

降调的语调先平后降。常用来表示陈述、请求、肯定、感叹等语气。例如：这次比赛，我们一定要取得好成绩。↓

二、客来敬茶

当家里有客人到来，除了奉上一杯茶以示对客人的欢迎之外，还可以主动关心客人的饮茶喜好或习惯。如此一来，客人会感觉备受关照。

1. 询问客人的喜好

当客人进门之后，可以帮助家长做一些力所能及的事情，比如主动询问客人的喜好。如果有小客人，还可以拿出自己喜欢的零食和玩具一起分享。当家里的茶叶有多种选择时，可以说："请问您想喝什么茶呢？"当家里只有红茶和绿茶的时候，可以说："请问您想喝绿茶还是红茶呢？"

2. 有礼貌地奉茶

为客人奉茶时，要毕恭毕敬地双手递送，既表示敬意，又更加安全。在奉茶时，还要有语言提示："茶来了，请小心。"在放下茶杯后，可以说："请喝茶。"

第二章　泡一壶清香的茶

泡好一壶茶，要先了解茶的特性，再选择适合泡茶的水和器具，然后科学地冲泡出一壶清香的茶。

第一节　三种常用的水

古人说"水为茶之母"，水与茶有着密切的关系。我们常见的水有天然的水，也有处理过的水。首先让我们认识一下生活中常用的三种水。

一、认识水

1. 自来水

自来水是指通过自来水厂净化、消毒后的水。需要注意的是，自来水需要煮沸后才能饮用，不能直接饮用。

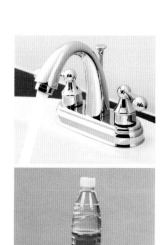

2. 饮用纯净水

饮用纯净水是以符合生活饮用水卫生标准的水作为生产用源水而加工制成的包装饮用水。饮用纯净水干净、不含有杂质或微生物，无色、透明，可以直接饮用。

3. 饮用矿泉水

饮用矿泉水是来自地下深处的水，比起纯净水，饮用矿泉水最大的特点是含有一定量的矿物质等微量元素。饮用矿泉水可以直接饮用。

泡茶时，我们选用哪种水更好呢？一般来说，为了表达茶的真实特性，选用饮用纯净水比较好，饮用矿泉水和自来水要根据具体水质情况而定。下面我们一起来试试。

【试一试】

准备3杯水，分别是自来水（烧开冷却）、饮用纯净水、饮用矿泉水。

① 看一看3杯水的颜色：＿＿＿＿＿＿＿＿＿＿＿＿＿＿＿＿＿＿＿＿＿；

② 尝一尝3杯水的滋味：＿＿＿＿＿＿＿＿＿＿＿＿＿＿＿＿＿＿＿＿＿；

③ 说一说3杯水的差别：＿＿＿＿＿＿＿＿＿＿＿＿＿＿＿＿＿＿＿＿＿。

二、感受水温

选用同一款饮用纯净水，用不同的水温泡出的茶汤是不一样的。先来感受一下不同的水温。

用手摸一摸不同水温的水，通常有冰、冷、凉、温、热、烫等不同的感觉。

【试一试】

① 摸一摸：准备3个玻璃杯，分别盛装40℃、50℃、70℃的饮用纯净水。用手感受容器的外壁，比较它们的差别。我们可以感觉到，40℃的水是"温"的感觉，50℃的水是"热"的感觉，而70℃的水则是"烫"的感觉。

② 看一看：准备3个玻璃杯，先在3个杯子里面分别投入2克的茶，再分别注入40℃、50℃、70℃的饮用纯净水，观察3杯茶汤的颜色。我们发现，3杯茶的汤色是不一样的，水温越高，茶汤的颜色越深。

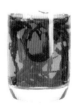

③ 尝一尝：我们再尝尝3杯茶的滋味。水温最低的茶汤，味道最淡；水温最高的茶汤，味道最浓。这是因为水温越高，茶叶中物质的浸出速度就越快，浸出物越多。

【想一想】夏天的自来水与冬天的自来水，温度一样吗？

参考答案：不一样。夏天气温高，自来水的温度受到气温的影响会升高；冬天的气温低，自来水的温度也会随之变低。

第二节　认识茶器

古人说，"器为茶之父"，要泡好一杯茶，首先要认识泡茶所用的器具。

日常泡茶饮茶必备的茶器有煮水器、泡茶器、品茶杯等。让我们一起认识一些常用的茶器具。

一、煮水器——电热壶

煮水器由煮水壶与煮水炉两部分组成，是用来烧水的器具。煮水壶根据材料不同，可分为陶壶、金属壶、玻璃壶等。煮水炉根据热源不同，可分为电热炉、酒精炉、炭炉等。电热壶以电为热源，使用方便，我们常用它来煮水。

电热壶

二、泡茶器——直把壶

泡茶器是指用来泡茶的器具。直把泡茶壶是一类常见的泡茶器。我们先来认识一下不同材料的直把壶。直把壶有一个长长的柄，为圆直形，方便握取，不易烫手。

玻璃直把壶

瓷直把壶

陶直把壶

三、品茗杯

品茗杯是喝茶用的小茶杯，有不同的形状。

① 直口杯：杯身呈直筒形，杯口和杯身的宽度一样，上下一致。

② 翻口杯：杯身像小喇叭，杯口向外翻，宽度大于杯身。

③ 收口杯：像朵含苞待放的花蕾，杯口向内收拢，宽度小于杯身。

直口杯

翻口杯

收口杯

四、泡茶小帮手

泡茶时除了上面的煮水器、泡茶器、品茗杯外，还需要一些小帮手的协助，来认识一下它们吧！

1. 茶匙

茶匙是将茶叶拨到泡茶器里面的小工具，通常用竹制成。有了它，取茶叶就方便多啦。一般我们不直接用手抓取茶叶，这样不卫生。

茶匙

2. 茶荷

茶荷是用于放置茶叶和欣赏茶叶外形的小工具，制作它的材料通常有竹木、陶瓷、玻璃、金属等。

竹茶荷

瓷茶荷

玻璃茶荷

3. 茶巾

茶巾用来擦干、吸干水渍，使桌面、杯底保持干燥，通常为全棉质地。

4. 双层茶盘

用来放置泡茶、饮茶器具的双层泡茶台，盘底可以盛水。

茶巾

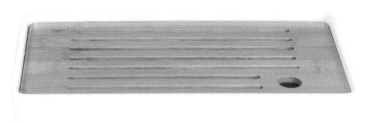

双层茶盘

【记一记】

① 泡茶器——直把壶的特点：直把壶的壶把与壶身大约呈90°，柄为圆直形。

② 品茶杯——直口茶杯的特点：直口杯杯身呈直筒形，杯口和杯身的宽度一致。

第三节　泡一壶清香的茶

了解了茶的特性，也认识了泡茶用水和泡茶器具，下面让我们一起来泡一壶清香的绿茶吧！

一、浓茶与淡茶

【尝一尝】

首先让我们来尝一尝，感觉一下浓茶和淡茶的区别。

① 准备2个大小相同的玻璃杯和6克绿茶；

② 在一个杯子里投入2克茶叶，另一个杯子里投入4克茶叶；

③ 向杯子里加入同等量的热水（水温60℃）；

④ 静静地等待1分钟，尝一尝2个杯子里茶的味道，可以发现一杯浓，一杯淡。

【填一填】

① 2个杯子里，茶叶多的滋味_____；茶叶少的滋味_____。（填：浓/淡）

② 老师和家长是成年人，喝的茶可以稍微_____一点。（填：浓/淡）

③ 同学们是未成年人，喝的茶可以稍微_____一点。（填：浓/淡）

二、泡一壶绿茶

1. 准备

在泡茶之前，我们先准备绿茶、饮用纯净水、直把壶、品茗杯、茶巾、茶匙、茶匙架、双层茶盘等。

绿茶（2克或4克）

饮用纯净水（水温60℃）

直把壶（容量120毫升）

品茗杯（容量70毫升）　　　茶巾

双层茶盘　　　　　　　　　　茶席

2. 流程

备具→温壶→温杯→置茶→冲泡→出汤→品饮→收具。

备具　准备好器具、绿茶和60℃的热水。

→

温壶　将热水注入直把壶中（大约半壶就可以）。

→

温杯　将直把壶中的热水注入品茗杯中。

→

置茶　用茶匙将绿茶拨入直把壶中（浓茶用4克，淡茶用2克）。

→

冲泡　再次向直把壶中注入热水，等候1分钟。在等待的过程中，可以把品茗杯中的热水倒出。

出汤　将直把壶里的茶汤倒入品茗杯里，即出汤。出汤的时候要注意，先在第1个杯子里分1/2，再在第2个杯子里分1/2，然后再在第1个杯子里分一点……这样来回多次分茶汤，使两个杯子中的茶汤浓度一致，并达到约八分满。

品饮　看一看茶汤的颜色，闻一闻茶汤的香气，尝一尝茶汤的滋味。

收具　将所有的器具收回来，清洗好。

3. 奉茶

① 给长辈奉茶，双手端好杯托，面向长辈站好，上身微前倾30°行礼，恭敬地奉上茶。再说敬语，如"爷爷，请喝茶"或"老师，请喝茶"。

② 给同辈奉茶，双手端好杯托，面向同学站好，上身微前倾15°行礼，奉上茶，说："同学，请喝茶"。

4. 注意事项

① 泡茶的小朋友应衣服整洁，手洗干净，指甲修短，泡茶使用的器具要卫生洁净。

② 泡茶用的水是热水，千万注意别烫到自己和他人。

③ 使用完的茶具要清洗干净再放回原来位置，应有始有终哦！

全彩图文　探秘中国茶少儿版（一）

第一章　探访中国茶

中国地域非常辽阔，不同的地区气候和环境有差异，茶树生长状态也不同。不同的加工工艺又生产出不同的茶类和丰富的名优茶。让我们一起走进茶区，探访中国茶！

第一节　中国产茶区域

我们国家茶区的面积非常大，有20余个省、自治区、直辖市生产茶叶。

一、茶树的生长条件

适合茶树生长需要满足三个主要条件：一是茶树喜欢生长在偏酸性的土壤中，土壤的酸碱度（pH）以4.5～5.5为宜；二是茶树喜欢生长在温暖的环境中，气温以18～25℃最为适宜；三是茶树喜欢生长在湿润的环境中，在年降水量800毫米以上的气候条件下才能正常生长。

在我国部分北方地区，气候比较寒冷、干燥，茶树一般无法生长。

二、产茶区域

翻开一张中国地图，我们可以看到，茶叶生长的区域，向西到西藏自治区的察隅（东经94°），向东到台湾的花莲（东经122°），往北到山东蓬莱山（北纬37°）或者更北，往南一直到海南的三亚（北纬18°）。

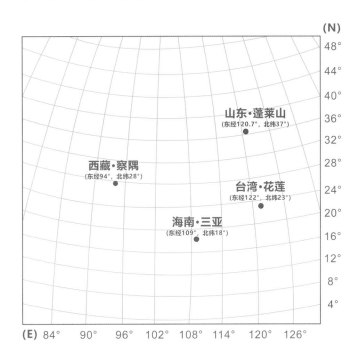

三、主要产地

中国现有20余个省（自治区、直辖市）生产茶叶，分别是江苏、浙江、安徽、福建、江西、山东、河南、湖北、湖南、广东、广西、海南、重庆、四川、贵州、云南、西藏、陕西、甘肃、台湾等。

第二节 探访四大茶区

茶学专家把我国辽阔的茶区划分成了四个一级茶区，分别是江北茶区、江南茶区、西南茶区和华南茶区。

一、探北部的江北茶区

江北茶区是我国最北边的茶区。茶区的范围包括江苏、安徽、湖北的

山东崂山茶园（刘蕾 提供）

北部，河南、陕西、甘肃的南部以及山东的东部。这个区域气温较低，降水量比其他茶区少，茶树容易受冻受旱，茶树以灌木型为主。江北茶区以生产绿茶为主，著名的茶叶有信阳毛尖、六安瓜片、汉中仙毫等。

这个区域白天与夜晚的气温差异大，能让茶树积累更多的养分，因此，制成的茶叶内质比较丰富。

二、访美丽的江南茶区

江南茶区位于我国长江中下游南部，包括浙江、湖南、江西三省，广东、广西、福建的北部，以及湖北、安徽、江苏的南部。江南水乡气候温和，降水量大，适宜茶树生长。

江南茶区的茶树以灌木型为主，生产的茶叶种类丰富，包括绿茶、红茶、黑茶、乌龙茶、黄茶和花茶。西湖龙井茶、洞庭碧螺春、祁门红茶等名茶均出自这个茶区。

浙江新昌东茗乡茶园

三、寻古老的西南茶区

西南茶区是我国最古老的茶区，也是茶树的发源地，包括云南、贵州、四川、重庆的中北部，以及西藏的东南部。

在茶山中漫步，可以看到许多古老且高大的乔木型茶树。西南茶区生产的茶叶主要是绿茶、红茶、黑茶和花茶。普洱茶、蒙顶黄芽等名茶产自这个茶区。

云南景谷县秧塔村古茶园（陈林波 提供）

四、觅温暖的华南茶区

华南茶区的气候温暖，年平均气温大约20℃，降水量丰富，非常适合茶树生长。华南茶区包括台湾、海南，以及福建东南部、广东中南部、广西南部和云南南部。

广东英德茶园（唐劲弛 提供）

在华南茶区既可以看到灌木型、小乔木型茶树，也可以看到乔木型茶树，生产的茶叶有红茶、乌龙茶、黑茶、白茶和花茶等。冻顶乌龙、凤凰单丛等名茶产自此茶区。

第三节 **中国茶之最**

中国是茶的发源地，拥有几千年的饮茶历史。我国也是世界上最大的产茶国，生产了丰富多样的茶叶，形成了多姿多彩的饮茶习俗。

一、茶园面积最大

2020年，我国茶园总面积达321.7万公顷，占世界茶园总面积的60%以上，是世界上茶园面积最大的国家。印度茶园面积仅次于中国，居世界第二位，茶园面积为63.7万公顷。位列第三的是非洲的肯尼亚，茶园面积为26.9万公顷（数据来源：国际茶叶委员会）。

海南五指山茶园（李达敏 提供）

山东崂山茶园（王艺璇 拍摄）

西藏果果塘茶园（毛娟 拍摄）

台湾阿里山茶园（叶佰俊 拍摄）

二、茶叶产量最高

中国茶叶产量从2005年起再次超过印度，成为世界第一产茶大国。据统计，2020年世界茶叶产量626.9万吨。其中，中国茶叶产量达293.2万吨，占世界茶叶总产量的47.6%；其次为印度，年产量125.8万吨，占世界茶叶总产量的20.1%。

2020年全球茶叶生产数据统计

国家	生产量（万吨）	占比（%）
中国	293.2	47.6
印度	125.8	20.1
肯尼亚	57.0	9.1
土耳其	27.8	4.4
斯里兰卡	27.8	4.4
越南	18.6	3.0
印度尼西亚	12.6	2.0
孟加拉国	8.6	1.4
阿根廷	7.3	1.2
日本	7.0	1.1
……（其他）		
全球总产量	626.9	100.0

（数据来源：国家统计局及国际茶叶委员会）

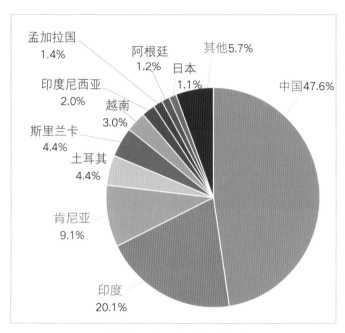

2020年全球茶叶产量分布图

三、茶树资源与品种最多

茶树原产于中国。据不完全统计，我国拥有茶树品种资源10000多份，地理分布广泛。我国在浙江杭州、云南勐海两地建立了国家种质杭州茶树圃和国家种质勐海茶树分圃，累计收集保存了世界上9个国家和中国20个省、自治区、直辖市的茶组植物资源，是目前世界上保存茶树资源类型最多、遗传多样性水平最为丰富的茶树种质资源圃。

国家种质杭州茶树圃

福建省农业科学院茶叶研究所品种园（陈常颂 提供）

四、茶叶品类最全

中国有六大基本茶类和再加工茶类，是茶叶品类最多的国家。

从简单的咀嚼鲜叶到采茶制饼，茶叶的制作方法也开始慢慢向精细化、品质化方向转变，逐渐形成特定的工艺。从唐代的蒸青饼茶，到明代有了黄茶、黑茶、白茶、红茶，明末清初又出现了青茶，至此，六大基本茶类形成。而随着科技的进步，以六大基本茶类为基础，又衍生出多种再加工茶，如花茶、茶粉、袋泡茶等，品类丰富，各具特色。

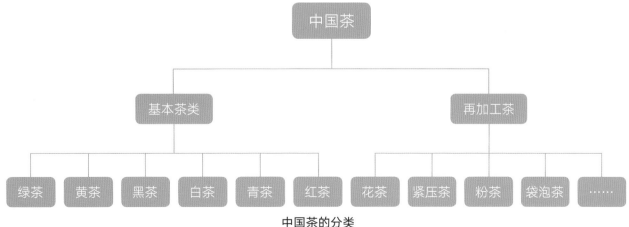

中国茶的分类

碧螺春（绿茶）

平阳黄汤（黄茶）

白毫银针（白茶）

滇红（红茶）

凤凰单丛（青茶）

青砖茶（黑茶）

六大基本茶类

五、饮茶习俗最多

中国不同民族、不同地域均保留着极具鲜明特色的饮茶习俗。代表性的民族饮茶习俗有白族三道茶、土家族擂茶、藏族酥油茶、蒙古族奶茶、傣族竹筒茶等；代表性的地方饮茶习俗有杭嘉湖一带的江南青豆茶、四川成都一带的长嘴壶茶、广东潮州一带的潮州工夫茶等。这些多姿多彩的饮茶习俗，以其独特的方式承载着中华茶文化的丰富内涵，成为中国传统文化的瑰宝。

土家族擂茶（朱海燕 提供）

蒙古族奶茶（王丽英 提供）

傣族竹筒茶

江南青豆茶

四川长嘴壶茶（张京 提供）

潮州工夫茶（叶汉钟 提供）

全彩图文 探秘中国茶少儿版（一）

第二章　爱上中国茶

茶是最具中华民族特色的文化符号。通过认识茶、了解茶、爱上茶，我们可以更深入地了解中华传统文化，更加热爱中华传统文化。

第一节　经典茶诗五首

古人喜欢喝茶，还将茶写进诗词，赞颂美好的品茶生活，追求与茶一样的高洁品德，寄托自己的情感和人生理想。我们再来学习五首经典茶诗，重温茶诗之美。

一、杜甫的《重过何氏五首（之三）》

杜甫，唐代著名现实主义诗人，被称为"诗圣"，与李白齐名。杜甫一生漂泊，把茶当作自己的好朋友，曾前往崇州、大邑、西岭雪山等地采茶、制茶。有一次，杜甫去拜访自己的朋友何将军，写了《重过何氏五首》，其中第三首就写他在何将军家里的平台上靠着石栏喝茶，在桐叶上题诗，旁边还有翡翠鸟、蜻蜓做伴，描绘了一幅美妙的饮茶题诗图。

重过何氏五首（之三）

落日平台上，

春风啜茗时。

石阑斜点笔，

桐叶坐题诗。

翡翠鸣衣桁，

蜻蜓立钓丝。

自今幽兴熟，

来往亦无期。

夕阳的光辉洒满平台，

春风吹拂着，我们一起喝着香喷喷的茶。

很自在地斜靠着石栏杆，随意拿毛笔在桐树叶上题诗。

翡翠鸟在晒衣的架子上鸣叫，

蜻蜓安静地站立在钓鱼竿的丝线上。

从今天起，我更加喜欢这种幽雅的环境和情趣了，

却不知道何时有机会再来游玩。

二、钱起的《与赵莒茶宴》

钱起，唐代诗人。他曾与朋友赵莒在竹林里举办茶宴，写下了《与赵莒茶宴》这首诗，纪念他们这一次茶宴。

与赵莒茶宴

竹下忘言对紫茶，

全胜羽客醉流霞。

尘心洗尽兴难尽，

一树蝉声片影斜。

在幽静的竹林里，心灵相通的朋友不用说话，只安静地品着紫笋茶，

这个茶真的比那些神仙道士喝的美酒还要美味。

喝了茶，就像把一颗烦躁的心洗得干干净净了。

夕阳西下，看树影绰绰，听蝉鸣声声，我们真开心。

三、张文规的《湖州贡焙新茶》

张文规，唐代人，曾担任吴兴（今浙江湖州）刺史。湖州是中国历史上第一个专门采制宫廷用茶的贡焙院所在地，《湖州贡焙新茶》表达了作者对贡焙新茶的赞美之情。

湖州贡焙新茶

凤辇寻春半醉回，

仙娥进水御帘开。

牡丹花笑金钿动，

传奏吴兴紫笋来。

乘坐着凤辇探访春色的皇上皇后半醉回宫，
宫女们打开御帘送茶奉水。
皇后笑得非常开心，连头上的牡丹花、金钿都摇动起来，
因为听见传告，说今年上贡的吴兴紫笋茶已经到了！

四、白居易的《山泉煎茶有怀》

《山泉煎茶有怀》是爱茶如命的白居易的另一首有名的茶诗，表达了诗人独自煎茶、饮茶，怀念他的亲人和好朋友的情感。

山泉煎茶有怀

坐酌泠泠水，

看煎瑟瑟尘。

无由持一碗，

寄与爱茶人。

坐下来舀取清凉的泉水，点火煮水煮茶，看着轻轻飘起的茶烟。
不需要什么缘由，端着这一碗茶，把这份真诚的情感寄给远方爱茶的人。

五、韦应物的《喜园中茶生》

韦应物是唐代山水田园派诗人。《喜园中茶生》讲述了作者利用公事之余，在荒园中很随意种下了数丛茶树，没想到茶树慢慢长大，让他好像拥有了一位可以交谈的朋友。作者赞美茶的高洁品性、美好滋味和消除烦闷的功效。

喜园中茶生

洁性不可污，

为饮涤尘烦。

此物信灵味，

本自出山原。

聊因理郡余，

率尔植荒园。

喜随众草长，

得与幽人言。

意译参考

茶有洁净的品格，不受玷污，喝茶可以帮我们去除所有的烦恼。

茶，确实有着非常美好的滋味，因为它本来生长在自然的山岗原野。

我在办公之余，随意地将它种在荒芜的园子里。

喜见它与那些草木一起生长，成为能够和我说话的好朋友。

第二节 饮茶趣闻

茶除了自饮外，可以待客，可以做嫁妆，还可以"当酒"。让我们听一听三个有趣的小故事吧。

一、陆纳杖侄

《茶经·七之事》中记载了一则有关饮茶的趣事——陆纳杖侄。陆纳生活在东晋时期，是三国时名将陆逊的后代，曾任吏部尚书、卫将军。他为政清廉，生活十分俭朴，从来不奢侈铺张，令人敬佩，是一个以俭德著称的人。

宰相谢安非常敬重陆纳的人品，想上门拜访。谢安在朝中是一位显赫的大人物，贵客临门，陆纳并没有打算大肆招待。倒是他的侄子听说谢安要来访，认为应当好好招待一番。他见叔叔陆纳未做准备，却又不敢去问，就悄悄地把接待谢安的饭菜都准备好了。当谢安到来以后，陆纳只给他端上了一杯清茶和一些果品，而他的侄子却摆了一桌非常丰盛的佳肴，山珍海味应有尽有。

陆纳对侄子这种铺张奢华的做法极为恼怒，谢安走了以后，他痛斥侄子，并命人将侄子痛打了四十杖。此后，人们多以此典故来说明茶性的廉洁、俭朴。以茶养廉也随着"陆纳杖侄"的典故宣扬开来。

二、茶做嫁妆

《西藏政教史鉴》记载，唐太宗时期，文成公主远嫁土蕃，除金银首饰、绫罗绸缎、文房四宝外，还带去了很多茶叶。到达青藏高原后，她仍旧喜欢喝茶，还以茶待客，用茶赏赐群臣，并且教藏民饮用茶叶的方法。藏民饮食以乳品、肉食为主，饮茶能促进消化、补充营养，文成公主又建议吐蕃王用牲畜、皮毛等物品到周边产茶区换取茶叶。这样，既促进了贸易往来，又使藏民养成了喝茶的好习惯。

文成公主还以酥油茶赏赐大臣，酥油茶逐渐成为藏区人民的日常必备饮品。现在，藏民家里都会有一套专门打酥油茶的长筒和一套精美的茶具，好客的主人还会端上香喷喷的酥油茶招待客人。

酥油茶

三、孙皓密赐茶荈当酒

孙皓是三国时吴国的最后一个国君，又称乌程侯，他在位16年（264—280），后为晋所灭。孙皓专横残暴、奢侈荒淫，极嗜好饮酒。据《吴志·韦曜传》记载，他每次设宴都是饮酒终日，座客不管能喝不能喝，至少饮酒七升（约合1430毫升）。有的人实在喝不下去，"皆浇灌取尽"。大臣韦曜酒量很小，只能饮二升，孙皓对他特别优待，常允许他少喝，或暗中赐茶，让他以茶当酒。

从这则史料可见，三国时，以茶代酒的形式已经进入宴饮。

第三节　我喜爱的茶点

茶点品种十分丰富，经过精细加工的各种点心，都可以成为佐茶的点心。

一、中式茶点

中式茶点为中式点心的组成部分。中式茶点主要有以下几类。

1. 水调面坯茶点

水调面坯指面粉掺水调制的面团，这种面坯的特点是面团的组织严密、质地坚实、内无蜂窝孔洞（体积也不膨胀），故又称为"实面""死面"，但富有劲性、韧性和可塑性。熟制成品后，爽滑、筋道（有咬劲），富有弹性而不疏松。这种面坯制成的茶点品种花色繁多，如形态各异的花式蒸饺、皮薄馅多的小笼包等。

饺子　　　　　　　　烧麦　　　　　　　　花式蒸饺

2. 膨松面坯茶点

膨松面坯是在调制面坯过程中加入适量的膨松剂，使面坯膨松，从而使调制的面中产生空洞，变得膨大疏松。膨松面坯制成的茶点松软适口，有特殊的风味。馒头、桃酥、蛋糕等都是用膨松面坯制成的。

包子　　　　　　　　桃酥　　　　　　　　中式蛋糕

3. 油酥面坯茶点

油酥面坯，即食用油与面粉调制的面坯。用油酥面坯制成的茶点口感膨松，色泽美观，口味酥香，营养丰富，如各种酥皮点心、吴山酥油饼、月饼等。

吴山酥油饼

苏式月饼

山羊造型油酥

4. 米粉面坯茶点

米粉面坯茶点是以大米为主要原料制作而成的茶点，种类很多，主要可分为糕、团、粽、球等。这类产品具有鲜明的江南特色，如粽子、汤圆、糕团以及栩栩如生的各种动、植物造型茶点等。

汤圆

定胜糕

造型点心

5. 杂粮果蔬面坯茶点

杂粮果蔬面坯一般以根茎类的果蔬为主料，将原料去皮煮熟，压烂成泥，加入糯米粉或淀粉、澄粉等和匀，再加入其他原料制成面坯分成小块，制皮，包馅。杂粮果蔬面坯制作的茶点都具有主要原料本身特有的滋味和天然色泽，一般甜点爽脆、甜软，咸点松软、鲜香、味浓，如豌豆糕、紫薯糕等。

豌豆糕

紫薯糕

6. 其他茶点

其他茶点包括各地适合佐茶的风味点心，如杭州的葱包烩、湖州的千张包子、广州的艇仔粥、台州的天台食饼筒等。

天台食饼筒

蜂巢荔芋饺

二、西式茶点

西式茶点为西式点心的组成部分，主要类别有蛋糕类、面包类、饼干类、泡芙类、清酥类、冷冻品类、巧克力类等。

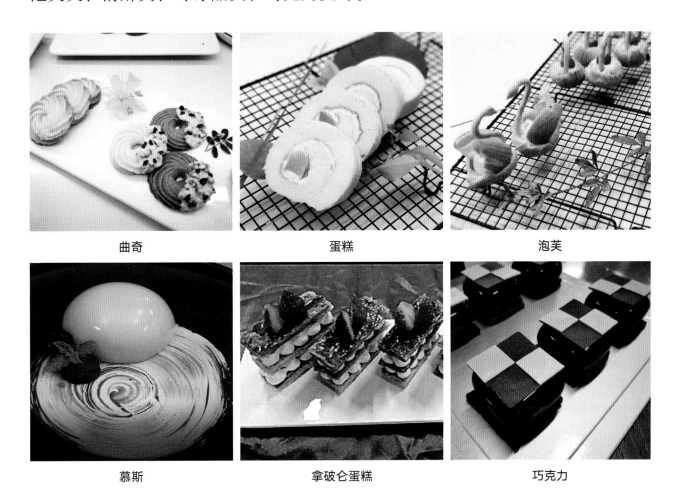

曲奇　　　　　　　蛋糕　　　　　　　泡芙

慕斯　　　　　　拿破仑蛋糕　　　　　巧克力

第一章　习传统礼仪

本章我们再学习视容、色容和服饰之容三大容礼，以及问候礼仪，这些传统礼仪也是我们必须懂得，并应按照礼仪规范去做的。

第一节　容礼

容礼与我们的身体和感官有关。前面学过的立、行、坐三大基本容礼，都是有关身体整体状态的礼仪。下面我们继续学习视容、色容、服饰之容等容礼。

一、视容

视容是关于看的仪容，也称为目容。目容端正是视容的基本要求。

1. 目容端正

我们要目容端正，就必须做到下面几点：

① 不斜视。斜视蕴含傲慢、轻屑之意。

② 不流视。流视指视线游移不定。视线游移不定说明内心躁动。

③ 不倾视。倾指歪头，若歪头看着对方，就显得像在算计对方。

④ 不眯眼视。眯起眼睛看人含有轻蔑之意，应该避免。

⑤ 不瞪目视。瞪目而视，不管是受到了惊吓，还是表示愤怒，都是目容不端的表现。

⑥ 不窥隐私。经过封闭的空间不窥探，这叫"不窥密"。

2. 视线高低

我们独处时，一般情况下，平视前方或视线稍俯都可以。在尊长跟前，晚辈的视线要比尊长低。尊长平视，晚辈则要俯视。俯视时，视线范围一般是身前1.5～8米的区域。

3. 视线范围

与人交流时，我们的视线应有大致范围。

① 不高于面部。视线的上限，不高于对方的面部。如果高于对方面部，就是以白眼示人，傲慢无礼。

② 不低于腰带。视线的下限，不低于对方的腰带。如果低于对方腰带，就显得忧心忡忡。

③ 坐视膝，立视足。侍奉师长时，如果没有交谈，视线应该注意两点：第一，坐视膝，即安坐时，视线落在师长的膝部；第二，立视足，即站立时，视线落在师长的足部。这样，如果师长起身或走动，我们便可以迅速上前搀扶。

二、色容

色容，是表情的仪容。色容庄重是容礼的基本要求。

1. 心情与表情

表情是指人们喜、怒、哀、乐等情绪的面部反应，能直观地看见；心情则是指心理活动，别人无法看到，表情是心情的外在表现。当心情发生波动，往往会表现在肢体和表情中，与人交流时，要注意情绪的管理。

2. 色容类别

合于礼的色容可以分为嘉、哀两大类。嘉容，是美好的表情，又可以分为庄与温两大类。庄，是庄重、严肃；温，是温和、柔顺。庄与温，都有程度的变化。哀容，是悲伤的表情，哀容与嘉容相反，它有特定的适用场合。

与陌生人相见，一般要做到色容庄重，保持矜持。

与家人或关系亲近的人相处，色容则要平易温和，乃至愉悦柔顺。

宾主交流，主人的色容一般都是温和的，那是热情好客的表现，而宾客的色容一般是庄重的，那是谨慎、克制的表现。

3. 不苟笑

人与人交流时，应经常面带微笑。古人说："君子之笑莞尔。"莞尔而笑，是淡淡的喜悦呈现出来的色容，一定不会露出牙龈。当然，我们不可随便发笑，也就是"不苟笑"。最美的笑容是会心的微笑，与周围的人有一种情感的共鸣。如果兀自发笑，让别人感到莫名其妙，就不妥了。

三、服饰之容

服饰之容是指服饰方面的仪容。一个人的服饰应该与容礼相称，服饰之容是容礼的重要组成部分。

1. 服饰整洁

整洁是服饰之容的基本要求。整，指严整；洁，指洁净。穿衣时，先提起衣领，轻轻抖擞一番，然后再穿。穿衣有三紧：头紧、腰紧、脚紧。头紧，指帽子要戴紧、戴正，不可歪斜；腰紧，指腰带要束紧，不可松垮，纽扣或拉链也要拉紧，不可袒胸敞怀；脚紧，指鞋袜要穿紧。

用餐、走路，都要小心照看衣服，不要沾染油污、泥渍。劳动时，要脱去外套，只穿着短便的衣服。衣服脏了，应该及时洗净。

2. 更衣礼仪

如果需要更衣，最好到更衣室。没有更衣室，则要到隐蔽的地方。即便是在室内更衣，也要拉上窗帘。在众目睽睽之下更换衣服会十分不自重。

3. 整理衣物

放置衣物要合乎礼仪。换季的衣服要洗好折叠后，放到衣橱或衣箱里。当季常穿的衣服，应该挂到衣架上。内衣是比较私密的衣服，无论是晾晒，还是收藏，都应该注意私密性。

第二节 问候礼仪

在人际交往中，日常的称谓和寒暄问候是必不可少的，是人们互相表达友好的方式。

一、称谓常识

与人交往，称呼是一门必须掌握的学问。与人谈话，首先就要称呼对方。对于相识的人，要规范地称呼。对于初次相见的人，如果想知道对方姓什么，可以问："您贵姓？"

1. 礼貌称呼

① 称呼老师：一般用姓氏加"老师"即可，或用姓氏加职务、职称，例如于老师、周校长等。

② 称呼同学：可以直接互相称呼名字。

③ 称呼长辈：对亲戚通常有着特定的称呼，有些称呼在不同的地域还有着不同的叫法，如"外公"这一称呼，江南地区多叫"阿公"，北方地区则叫"姥爷"等。一般根据长辈的年龄来称呼，老年人就叫爷爷、奶奶，与父母年龄相仿的长辈称叔叔、阿姨。

④ 称呼同龄人：与自己年龄相仿的称呼哥哥、姐姐、弟弟、妹妹。

2. 称呼禁忌

对父母、长辈不能直呼姓名。对兄弟姐妹一般不连姓带名称呼。对同学同伴不要以绰号相称。

二、寒暄问候

寒指冷，暄指温暖，寒暄，即说一些嘘寒问暖的话。对于想要交谈的人，寒暄可以从问候开始，这样容易拉近彼此的距离。对于比较熟悉的人，可以表现出更多的关心和亲近。学习寒暄和问候十分重要，可以避免一开口就失礼。

1. 常用寒暄语

早上起床：爸爸妈妈早安、爷爷奶奶早上好。

到了学校：张老师早上好、同学们早。

遇见邻居：王爷爷早上好、李阿姨早。

睡觉之前：爸爸妈妈晚安。

吃完饭：我吃饱了，爸爸妈妈请慢用。

去上学：爸爸妈妈，我去上学了。

放学后：爸爸妈妈，我回来了。

待客人：您好、久仰、请进、请坐、请喝茶、请慢走。

2. 茶会上的寒暄问候

到达茶会：见到您真高兴、我来了哦、感谢您邀请我。

彼此问候：您好、大家好、很高兴收到您的邀请、您能来真是太好了。

欣赏赞美：这茶真好喝、您真漂亮、这个杯子真好看、茶点做得好精致啊。

奉茶寒暄：请喝茶、小心烫、请拿好、谢谢。

赠送礼物：请收下吧、希望您会喜欢、这是一点心意。

常用祝福：节日快乐、生日快乐、新年快乐。

离开茶会：非常感谢，我要走了，再见。

三、相见作礼

在日常生活中，相见作礼非常重要。人们在相见时通过一系列的身体行为来传达友好和敬意。肢体的动作也称为"无声语言"，在一些特定的环境下，"无声语言"可以作为"有声语言"的补充，在人际交往中发挥重要作用。

1. 表达友好

在生活中，我们除了通过语言来表示亲近与喜爱，还可以通过表情和肢体动作等表达我们的情感。

① 握手：人们在会晤或有所嘱托时，皆以握手表示亲近或信任。

握手多用于相识的人之间。握手时，上身稍向前倾，伸出右手，四指齐并，拇指张开，双方伸出的手一握即可，双目应注视对方，微笑致意或问好。握手要注意伸手的先后顺序，通常来说，由尊长、地位高的人或者女士先伸手，以示尊重。

② 拥抱：多表示亲昵、亲近。常用于长辈对晚辈，或者比较亲密的人之间。

拥抱礼节多流行于欧美国家，是欧美人在见面时的礼节。在拥抱时，左脚在前，右脚在后，左手在下，右手在上，胸贴胸，手抱背。

③ 招手：招手致意是生活中常用的礼节，也就是平常说的"招招手""打招呼"，多用于熟人之间。在招手的时候，举起右手，掌心向前，朝向致意的对象略加挥动。通常行礼者与受礼者距离较远而不便交谈时，可以招手致意，同时还可以点头微笑，表示友好。

如果是在分别的场合，还可以肘关节为中心频频挥手，表示再见、珍重的意思。

④ 微笑：微笑可以让熟人之间更有亲近感，让陌生人之间拉近距离。微笑的时候，眼睛弯弯、眼神充满笑意、嘴角上扬，给人亲切自然的感觉。

2. 表达敬意

自古以来，人们就通过肢体动作来传达敬意。这些礼仪虽然在不同的时期有所差异，但其中传递的礼敬精神是一脉相承的，有些礼节已经成为人们约定俗成且共同遵守的行为规范，至今仍在沿用。

① 额首：即点头礼，代表浅浅的致意，用于交情较浅的人之间。先微抬下颌，再收回，注意面带微笑，视线相迎。

② 拱手：双手相叠（一般男生左手在外，女生右手在外），抱举于胸前，立而不俯，表示恭敬。

③ 作揖：两手抱拳高拱，身体略弯，向人行礼。

④ 鞠躬：先正立，两手垂拱，腰身俯折，停顿一下后，恢复正立姿态。根据腰身俯折的程度，鞠躬分为三个层次：俯折度数为15°~30°，称之为"微磬"；俯折度数为45°左右，称之为"磬折"；俯折度数为90°左右，称之为"矩折"。在实际应用的时候，俯折的程度越深，敬意也越深。

微磬　　　　　磬折　　　　　矩折

全彩图文　探秘中国茶少儿版一3

第二章 泡一杯甜香的茶

前一级我们学习了冲泡一杯清香的绿茶，这一级我们一起来学习冲泡一杯甜香的红茶。红茶与绿茶不同，相信我们也会喜欢它。

第一节 称茶

想要泡好一杯茶，要掌握三个关键因素：投茶量、水温、浸泡时间。投茶量，指的是投入泡茶器中的茶量；水温，指的是当水与茶相遇时，泡茶水的温度；浸泡时间，指的是水注入泡茶器后，至茶水分离（出汤），茶叶浸泡的时间。下面我们先来了解一下天平与称量，以准确称得投入泡茶器中的茶量。

一、认识天平

茶叶常用电子秤和托盘天平称量。天平，也叫作秤，是测量物体重量的器具。

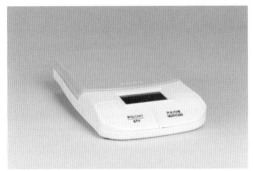

电子秤

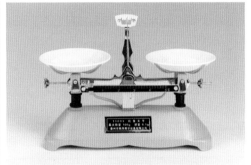

托盘天平

二、称茶

用电子秤称茶的方法是：

第一步，打开电子秤的开关键；

第二步，等待电子秤上显示"0"；

第三步，把茶叶放入电子秤上的小托盘里；

量取茶叶

第四步，读出电子秤显示的数字，这就是所称茶叶的重量（如用盘子等盛放茶叶，需先称量盛器重量，总重量减去盛器重量为茶叶重量）。

【试一试】请试一试，用电子秤称量红茶2克。

三、茶量

1. 称不同重量的同一种绿茶

首先，让我们准备一个电子秤和一些绿茶，分别称取1克、2克、3克、4克、5克的绿茶，摆在一起，看看它们的体积。比较1克、3克、5克绿茶的体积。

1克至5克绿茶

2. 称不同重量的同一种红茶

再试一试称取1克、2克、3克、4克、5克的红茶，看看它们的体积。比较1克、3克、5克红茶的体积。

1克至5克红茶

第二节 五种天然的水

唐代茶圣陆羽在《茶经》中说："其水，用山水上，江水中，井水下。"说明水质有高低之分。大自然中有山泉水、河水、江水、井水、湖水、海水等。让我们来认识一下自然界中常见的五种水，以便泡茶时选用。

一、认识水

1. 山泉水

山泉水是山上泉眼中涌出的天然水。天然、无污染的山泉水常常带有丝丝甘甜的滋味，从古至今，人们普遍认为山泉水是饮用水中的上品。

2. 江河水

江河水即江或河中的水。水从高处向低处流

山泉水

淌，人们通常把流入外海或大洋的河流叫江，譬如流入东海的长江、钱塘江，流入南海的珠江；把流入内海或者湖泊的河流叫河，如流入渤海的黄河、辽河等。它们像大地表面的动脉，滋润着大地。黄河、长江就是中华民族的母亲河，黄河、长江流域也是中华文明最主要的发源地。

江河水

3. 井水

井水就是井里的水，是经过岩石和沙土自然过滤的水。井水是古人主要的生活饮用水之一。著名的井有长沙的白沙井、杭州的龙井等。

井水

4. 湖水

雨水和河流聚集在一个超级大的盆地中，便成了湖水。站在高处俯瞰，湖泊仿佛是大地的眼睛。我国著名的湖泊有浙江的西湖、江苏的太湖、江西的鄱阳湖等。

湖水

5. 海水

海水是地球表面水的主要存在形式，约占地球总水量的97%。我们常形容大海一望无际，因为海洋实在是太大了，海洋面积要远大于陆地面积，约占地球表面积的71%。

海水

二、比较水

收集3款水，如未经加热的井水、江水、山泉水或湖水等自然界的水，以及超市中买的饮用纯净水，倒入同样的透明或者白瓷容器中，看一看、闻一闻，比较一下。

江水　　　　　山泉水　　　　饮用纯净水

一般来说，饮用纯净水是不含杂质、无色的水；山泉水、井水因经岩石和沙土的自然过滤且流淌较缓慢，杂质易沉淀，水质相对比较清澈；而江水、河水、湖水中常常有夹带沙石或微生物，水质可能会相对浑浊一些。

第三节 认识茶器

器具对于泡好茶汤非常重要。我们继续认识煮水器的两个组成部件——煮水炉与煮水壶，以及另一种泡茶器——同心杯。

一、煮水器——煮水炉+煮水壶

煮水器由煮水炉与煮水壶两部分组成，根据热源的不同，煮水炉有电热炉、酒精炉、炭炉等。

1. 煮水炉

我们已经认识了电热炉，这里再认识一下炭炉与酒精炉。炭炉是烧木炭的炉子，酒精炉则是烧酒精的炉子。

炭炉

酒精炉

2. 煮水壶

煮水壶就是烧水的壶，通常有陶壶、瓷壶、金属壶等。

陶壶

瓷壶

银壶

二、泡茶器——同心杯

可以用来泡茶的器具种类很多，这一节来认识同心杯。

同心杯是一种科学、便捷的泡茶器，由盖、杯、内胆三部分构成，泡茶时可以使茶叶和茶汤分离，不让茶叶一直浸泡在水中，轻松控制茶汤滋味的浓淡。

同心杯

盖　杯　内胆

同心杯各部件

三、泡茶小帮手

1. 奉茶盘

奉茶盘是用来放置茶杯的小盘子，用竹、木、陶或瓷等制成。

2. 茶叶罐

茶叶罐指盛放茶叶的罐子，有陶、瓷、金属等材质。

3. 茶针

茶针是一种细长、一头尖的竹或木制辅助茶具，用于疏通单孔壶流或拨取茶叶。

4. 水盂

水盂是用于盛放倒出的无用废水、茶渣等物的器皿。

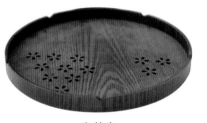

奉茶盘

茶叶罐

茶针

水盂

第四节 泡一杯甜香的茶

我们已经学习了如何泡一壶清香的绿茶，现在，我们来学习用同心杯泡一杯甜香的红茶吧！

一、浓茶与淡茶

【试一试】

首先，让我们来试一试不同投茶量的茶汤滋味有什么不一样。

① 准备3个相同大小的玻璃杯和一些红茶；

② 分别称量1克、3克、5克的茶叶投入杯子里；

③ 向杯子里注入同等量的60℃热水；

④ 等到杯中的水不烫了，尝一尝3个杯子里的茶汤滋味有什么不同。

1克、3克、5克红茶及冲泡出的三杯茶

【填一填】

① 3个杯子里，投入1克红茶的茶汤滋味_____；投入3克红茶的茶汤滋味_____；投入5克红茶的茶汤滋味_____；（填：浓/适中/淡）

② 老师和家长是成年人，喝的茶可以稍微浓一点，投茶量可以稍微_____一点。（填：多/少）

③ 同学们是未成年人，喝的茶可以稍微淡一点，投茶量可以稍微_____一点。（填：多/少）

二、泡一杯红茶

1. 准备

在泡一杯红茶之前，需要准备红茶、饮用纯净水、同心杯、茶巾、茶盘等。

红茶（3克或5克）

茶叶罐

饮用纯净水（水温60℃）

同心杯（容量250毫升）

茶巾

水盂

茶匙

茶盘

茶荷

茶席

2. 流程

备具→温杯→置茶→冲泡→出汤→品饮→收具。

备具 准备好器具、红茶和60℃的热水。

温杯 将热水注入同心杯中（大约一半满就可以），温一下茶杯，然后将水倒掉。

置茶 用茶匙从茶叶罐中拨取3克或5克红茶，放入茶荷中，然后再用茶匙将茶叶拨入同心杯的内胆中（浓茶用5克，淡茶用3克）。

冲泡 再次向同心杯中注入60℃热水至七分满，等候1分钟（注水的时候注意要让热水淋湿全部茶叶）。

1分钟后，把同心杯里的内胆拿起，茶汤便会从内胆的小孔中沥出。

品饮 看一看茶汤的颜色，闻一闻茶汤的香气，尝一尝茶汤的滋味。

收具 将所有的器具清洗好，收起来放回原处。

3. 奉茶

① 给长辈奉茶，双手端好杯托，面向长辈站好，上身微前倾30°行礼，恭敬地奉上茶，再说敬语，如"爷爷，请喝茶"或"老师，请您喝茶"。

② 给同辈奉茶，双手端好杯托，面向同学站好，上身微前倾15°行礼，奉上茶，说："同学，请喝茶。"

4. 注意事项

① 泡茶时要身体清洁、衣服整洁、指甲修短，泡茶使用的器具也要卫生洁净。

② 泡茶用的水是热水，要注意，千万别烫到自己和他人。

③ 使用完的茶具，要清洗干净，放回原来位置，要有始有终！

第一章　走进茶品大观园

　　我国有六大茶类和再加工茶，茶类丰富，品类繁多，名茶多达上千种。下面让我们走进茶品大观园，看一看、闻一闻、尝一尝，真是美不胜收！让我们畅游其间吧。

第一节　六色小茶童

　　茶类的划分有多种方法，根据制作方法和品质的不同，可分为绿茶、白茶、黄茶、青茶、黑茶、红茶六大基础茶类。

一、绿茶

儿歌

明前山暖，绿绿茶芽。

杀青揉捻，巧制香茗。

清汤绿叶，翩然起舞。

茶香沁心，最妙春色。

绿茶杀青

76

绿茶属于不发酵茶，是以摊放、杀青、揉捻、干燥为基本加工工艺制成的茶叶，冲泡后有清汤绿叶的特点。

【画一画】请根据茶芽的颜色，给下图上色。

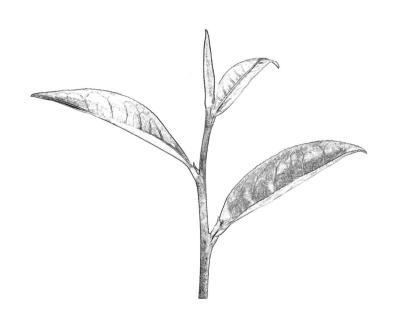

【认一认】认识一下绿茶的各种外形

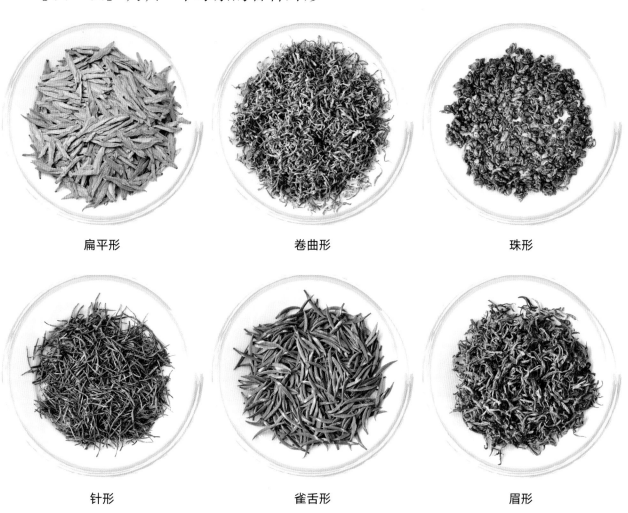

扁平形	卷曲形	珠形
针形	雀舌形	眉形

绿茶按杀青方法不同，可分为蒸青绿茶和炒青绿茶。

蒸青绿茶   炒青绿茶

绿茶按干燥方法不同，可分为炒青绿茶、烘青绿茶、晒青绿茶。

炒青绿茶   烘青绿茶   晒青绿茶

【连一连】

湖北 •   • 滇青

贵州 •   • 信阳毛尖

浙江 •   • 恩施玉露

江苏 •   • 西湖龙井茶

安徽 •   • 竹叶青

河南 •   • 湄潭翠芽

云南 •   • 洞庭碧螺春

四川 •   • 黄山毛峰

【猜一猜】

生性淡泊隐深山，纤纤玉手采来难。翻焙不改青翠色，常留余香齿颊间。（这一种茶叶是_____）

【找一找】家里有_____种绿茶，茶名分别是_____、_____、_____、_____。

【看一看】家里绿茶的颜色有_____、_____，它们的外形有_____、_____、_____。

【闻一闻】它们的香气是_____、_____、_____、_____。

【品一品】它们的滋味是_____、_____、_____、_____。

二、红茶

儿歌

红颜武夷开，正山尊鼻祖。

祁门香似蜜，人称群芳最。

乌黑油润色，汤色红艳亮。

花香果味浓，滋味甘醇久。

红茶属全发酵茶，是以适宜的茶树新鲜芽叶为原料，经萎凋、揉捻（切）、发酵、干燥等一系列工序制作而成的茶叶。

红茶发源于福建省崇安县（今武夷山市）。

红茶一般可分为三类：小种红茶、工夫红茶、红碎茶。

红茶发酵

【认一认】红茶的各种外形

小种红茶—正山小种　　　　工夫红茶—祁门红茶　　　　　　红碎茶

红茶可清饮，也可调饮。

清饮红茶　　　　　　　　　　　　　调饮红茶

【连一连】

福建 ·　　　　　　　· 五指山红茶

浙江 ·　　　　　　　· 英德红茶

云南 ·　　　　　　　· 正山小种

海南 ·　　　　　　　· 九曲红梅

安徽 ·　　　　　　　· 滇红

广东 ·　　　　　　　· 祁门红茶

世界上红茶的品类很多，著名的世界四大红茶是中国的祁门红茶、印度的大吉岭红茶、斯里兰卡的乌沃红茶、印度的阿萨姆红茶。

【找一找】家里有_____种红茶，茶名分别是_____、_____、_____。

【看一看】家里红茶的颜色是_____、_____。

【闻一闻】它们的香气是_____、_____、_____。

【品一品】它们的滋味是_____、_____、_____。

三、青茶

儿歌

奇坑香涧芽，绿叶红镶边。

兰桂气息韵，千变万化香。

一杯醇香茶，金黄明亮汤。

角开香满室，馥郁又悠长。

青茶做青

青茶亦称乌龙茶，属半发酵茶，是鲜叶经过萎凋、做青、杀青、揉捻、烘焙等工序制作而成的茶叶。

青茶按产地分为闽南青茶、闽北青茶、广东青茶、台湾青茶。

各区域的代表性青茶为：

"我是铁观音，家在闽南安溪。"

"我是武夷岩茶，家在闽北武夷山。"

"我是凤凰单丛，家在广东潮州。"

"我是冻顶乌龙，家在中国台湾。"

【认一认】青茶的各种形态

球形青茶	半球形青茶	条索形青茶

【闻一闻】青茶的各种香气

清香铁观音——兰花香　　大红袍——岩骨花香　　凤凰单丛——芝兰香、蜜兰香、银花香、桂花香、玉兰香、黄枝香等　　冻顶乌龙——花果香、奶香

【辨一辨】青茶的各种汤色

清香铁观音汤色——蜜绿　　大红袍汤色——橙红　　凤凰单丛汤色——金黄　　冻顶乌龙汤色——蜜黄

【连一连】

福建·　　　　·凤凰单丛

　　　　　　·铁观音

　　　　　　·大红袍

台湾·　　　　·岭头单丛

　　　　　　·文山包种

广东·　　　　·冻顶乌龙

【找一找】家里有_____种青茶，茶名分别是_____、_____、_____。

【看一看】家里青茶的外形分别是_____、_____、_____。

【闻一闻】它们的香气是_____、_____、_____。

【品一品】它们的滋味是_____、_____、_____。

四、白茶

儿歌

满披白毫，清心白茶。

不炒不揉，茶香尽存。

一抹杏色，纯而不乏。

一口入喉，曼妙回甘。

白茶属于微发酵茶，一般由萎凋、干燥两道工序制成，冲泡后有汤色杏黄、清澈的特点，民间有"一年茶，三年药，七年宝"之说。

白茶萎凋

【认一认】白茶的各种外形

白毫银针：色白如银，形状似针

白牡丹：两叶抱一芽，形似花朵

贡眉：一芽二三叶，叶片较大

寿眉：一芽多叶，毫芯叶片偏大

【连一连】

芽茶　　　　　　　　　•白牡丹

　　　　　　　　　　　•白毫银针

芽叶茶•　　　　　　　•寿眉

　　　　　　　　　　　•贡眉

【找一找】家里有_____种白茶，茶名分别是_____、_____、_____。

【看一看】家里白茶的颜色是_____、_____，外形分别为_____、_____、_____。

【闻一闻】它们的香气是_____、_____、_____。

【品一品】它们的滋味是_____、_____、_____。

五、黄茶

儿歌

芽身嫩黄，色泽润亮。

闷黄工艺，堪称一绝。

黄汤黄叶，香气清雅。

茶味醇浓，甘甜鲜爽。

黄茶属于轻发酵茶，加工工艺近似绿茶，增加了"闷黄"的工序，冲泡后有黄汤黄叶的特点。

黄茶按鲜叶老嫩程度，可分为黄芽茶、黄小茶和黄大茶。

黄茶闷黄

【认一认】黄茶的各种形态

黄芽茶——蒙顶黄芽，
细嫩的单叶或一芽一叶

黄小茶——莫干黄芽，
一芽一叶或一芽二叶初展

黄大茶——霍山黄大茶，
一芽二三叶或四五叶

【连一连】

浙江 •　　　　　• 君山银针

安徽 •　　　　　• 霍山黄芽

四川 •　　　　　• 蒙顶黄芽

湖南 •　　　　　• 平阳黄汤

【找一找】家里有_____种黄茶，茶名是_____、_____、_____。

【看一看】家里的黄茶属于_____（种类）。

【闻一闻】它们的香气是_____。

【品一品】它们的滋味是_____。

六、黑茶

儿歌

彩云之南，大叶种茶。

渥堆蒸压，数载陈化。

陈香袅袅，柔绵醇厚。

一盏入肠，文字五千。

黑茶属后发酵茶。黑茶制作工艺一般包括杀青、揉捻、渥堆和干燥四道工序。

黑茶按地域分布，可分为湖南黑茶、湖北黑茶、四川黑茶、云南黑茶、广西黑茶及陕西黑茶等。

黑茶渥堆

【认一认】黑茶的各种外形

散茶（六堡茶）

散茶（宫廷普洱）

饼茶

砖茶

千两茶

【连一连】

湖南黑茶 ·	· 藏茶
湖北黑茶 ·	· 宫廷普洱
云南黑茶 ·	· 老青砖
四川黑茶 ·	· 六堡茶
广西黑茶 ·	· 千两茶

【找一找】家里有_____种黑茶，茶名分别是_____、_____、_____。

【看一看】家里黑茶产自_____、_____、_____。

【闻一闻】它们的香气是_____、_____、_____。

【品一品】它们的滋味是_____、_____、_____。

第二节　中国茶之最

古人给我们留下了许多有关茶的诗歌、绘画等，数量均居世界第一。现今，我国涉茶的专业院校和茶叶科技工作者也是世界上最多的。

一、咏茶诗词最多

茶自融入人们的日常生活后，便逐渐成为历代文人墨客赞颂、吟咏的对象。他们以茶入诗词，创作了一大批优秀的茶诗词作品。据统计，《全唐诗》和《全宋词》中收录咏及茶的诗词就有6000多首，李白、杜甫、皎然、卢仝、梅尧臣、范仲淹、欧阳修、苏轼、黄庭坚、陆游等都留下了不少诗词佳作。这些脍炙人口的诗词不仅反映了采茶、制茶、烹茶、品茶等茶事活动，而且承载了历代茶人的理想情怀和茶道精神。

二、茶事绘画最多

古人除了将茶写入诗词，还喜欢将制茶、品茶等茶事活动记录到画作当中。《中国茶画》（裴纪平著）一书收录了唐、宋、元、明、清、民国与茶相

明　唐寅《事茗图》

关的画作379幅，包含山水、人物、花卉、器物等多种题材，直接或间接地展现了当时的饮茶之风、茶人的理想寄托与审美情操。《宫乐图》《萧翼赚兰亭图》《惠山茶会图》《事茗图》等都是古人留给我们的宝贵茶文化艺术财富。

唐 阎立本《萧翼赚兰亭图》

宋 赵佶《文会图》（局部）

元 钱选《卢仝烹茶图》（局部）

三、茶书最多

据学者统计，我国历代茶书114种，又佚书遗目65种，共计179种。从数量上来看，明代是中国古代茶书创作的高峰时期，现在可知约有茶书54种，占中国古代茶书总数一半左右。在诸多的历代茶书中，著名的有陆羽的《茶经》、赵佶的《大观茶论》、蔡襄的《茶录》、朱权的《茶谱》、黄儒的《品茶要录》、田艺蘅的《煮泉小品》等。

唐 陆羽《茶经》书影（部分）　　　宋 蔡襄《茶录》（部分）　　　明 许次纾《茶疏》书影（部分）

四、茶学科学家最多

20世纪以来，我国茶学研究和教育得到了空前的发展，整体实力在国际上处于领先地位。其间，也涌现出了一大批献身茶学的科学家。当前，我国茶叶科学研究已经形成了一支包括院士、知名专家在内的研究、教学、技术推广的人才队伍。据不完全统计，截至2020年，从事茶学研究、教学和技术推广的专业人才覆盖了全国各个省（自治区、直辖市），总人数达2500余人，居世界之首。

五、涉茶专业的高校最多

截至2020年，我国拥有国家级茶叶研究所2个，省（自治区、直辖市）级茶叶研究所12个，并有72所高校设立了茶学专业（包括本科和专科）。我国茶学专业高等教育人才培养的方向主要包括茶学、茶树栽培、茶叶加工和茶文化等方向。

位于杭州云栖的中国农业科学院茶叶研究所

第二章　爱上中国茶

　　茶，是生长在山野的那棵树，是阳光下自由呼吸的那片叶子，是我们杯中荡漾着的氤氲香气，是文人们笔墨里深情的文字，是田间地头的一碗清凉，是沙漠草原的一碗甘露，是清净自守的陪伴者……茶丰富多彩，千变万化，带给我们无限的想象和美好。爱上中国茶，就是爱上美好的生活。

第一节　经典茶诗五首

　　诗歌用来表现作者的生活态度和思想感情。从前面学习过的茶诗里，我们看到了古人如何爱茶、种茶、品茶，了解了古人的生活情趣。其实，茶诗还有一个重要的功能，它是研究古代茶文化、茶历史、茶俗的一个重要载体。

一、左思的《娇女诗》（节选）

　　左思，西晋时期诗人，所著《三都赋》曾引起洛阳的文人争相传抄，以至"洛阳纸贵"。《娇女诗》是左思涉茶的诗，为我们留下西晋贵族阶层饮茶的文献记载，也是中国较早吟咏少女情态的诗之一。诗人选取了两个女儿寻常的生活细节，写出了她们逗人喜爱的娇憨，令人哭笑不得的天真顽劣，展露了幼女无邪无忌的纯真天性，表达了父亲对女儿的真切疼爱之情。

娇女诗（节选）

吾家有娇女，皎皎颇白皙。

小字为纨素，口齿自清厉。

……

其姊字惠芳，面目粲如画。

……

驰骛翔园林，果下皆生摘。

红葩缀紫蒂，萍实骤抵掷。

贪华风雨中，疏忽数百适。

……

心为茶莽剧，吹嘘对鼎锛。

脂腻漫白袖，烟熏染阿锡。

衣被皆重地，难与沉水碧。

……

意译参考

我家有两个娇俏可爱的女儿，皮肤白净，如皎皎月光。

妹妹的乳名叫纨素，说话清晰利落……

她姐姐叫惠芳，眉目如画，光彩靓丽……

她们常常飞奔在园子里，把没有成熟的果子摘下来，把正开的花朵掐下来，不知道萍实很

珍贵，拿着它抛来抛去当皮球玩儿。

为了看花，她们冒着风雨，跑来跑去，每天几百遍，总也看不够……

口渴想喝茶了，着急鼎里的水煮不开，对着茶鼎一个劲儿地吹气。

白色的衣袖被油脂弄脏了，衣服也被烟熏染成黑色了。

她们的衣服都用很厚的布料做成，脏了真难洗干净……

二、苏东坡的《汲江煎茶》

这首诗是北宋元符三年（1100年）苏东坡被贬谪到海南儋州时所作。描写了从汲水、舀水、煮茶、斟茶、品茶到听更的全部过程，细腻传神，绘影绘声。通过这些细节的描写，生动表现了诗人对煎茶要诀的认知、被贬后寂寞，以及洒脱的心境。

汲江煎茶

活水还须活火烹，

自临钓石取深清。

大瓢贮月归春瓮，

小杓分江入夜瓶。

雪乳已翻煎处脚，

松风忽作泻时声。

枯肠未易禁三碗，

坐听荒城长短更。

煮茶最好用流动的活水，并用有火焰的活火，

亲自到江边，汲取悬石下深处的清水。

月光映照在江水里，用大瓢舀水倒入水瓮，就像把江月一起舀进了瓮里，

再用小水枹将瓮里的江水分入煎茶的汤瓶里。

雪白如乳的沫饽翻腾漂浮，

还能听见汤瓶里发出如风吹动松林的声音。

我的枯肠禁不起三碗茶，

静静地坐在这僻远荒凉的边城，听那报时的更声，时长时短。

三、黄庭坚的《双井茶送子瞻》

黄庭坚，北宋著名文学家、书法家，是江西诗派的开山之祖，与张耒、晁补之、秦观合称为"苏门四学士"。黄庭坚的家乡江西修水出产的双井茶品质优异，是宋代著名贡茶。作者送新茶给老师苏东坡品尝，借诗歌表达自己的尊师之心和对苏东坡人品、才华的高度赞赏。

双井茶送子瞻

人间风日不到处，

天上玉堂森宝书。

想见东坡旧居士，

挥毫百斛泻明珠。

我家江南摘云腴，

落硙霏霏雪不如。

为君唤起黄州梦，

独载扁舟向五湖。

翰林院，真是个风吹不到、日晒不到的天堂，

珍贵的书籍像森林一样排列，一派清雅景象。

我想象着这个场景，就像亲眼看见当年东坡居士，

正在挥笔赋诗作文，洋洋洒洒，像千斗明珠飞泻而出。

这是从我江南老家采摘的上好的双井茶，

如果放到石磨里精心研磨，末茶洁白细腻，连纷飞的雪花也比不过它。

希望喝了这个茶，能够唤起您在黄州的旧梦，

独自驾着一叶扁舟，泛游于江湖之上，逍遥自在。

四、汪士慎的《武夷三味》

汪士慎，清代著名书画家，字近人，号巢林，"扬州八怪"之一。汪士慎爱梅、嗜茶，"先生爱梅兼爱茶，啜茶日日写梅花"。他写了20多首咏茶诗，好友金农送他"茶仙"的雅号。他能辨得出茶与茶之间的细微差别，指出茶的产地、采制时间。《武夷三味》说武夷茶有"苦、涩、甘"三味，赞美武夷茶醇厚、清芳。

武夷三味

此茶苦、涩、甘，命名之意或以此。

余有茶癖，此茶仅能二、三细瓯，

有严肃不可犯之意。或云树犹宋时所植。

初尝香味烈，再啜有余清。

烦热胸中遣，凉芳舌上生。

严如对廉介，肃若见倾城。

记此擎瓯处，藤花落槛轻。

意译参考

这个茶有着"苦、涩、甘"三种滋味，命名为"武夷三味"，大约就是因为这个原因吧。我对茶有深深的癖好，但此茶也仅能饮上二、三小杯，真有点凛然不可侵犯的意思。有传说此茶的茶树是宋朝时所种植。

起初品尝这个茶，觉得香味尤为浓烈。再细细品啜，才慢慢地体会到了悠长的清香甘甜。胸中的烦闷、燥热，都被此茶所排解。清凉、甘爽的芬芳滋味，让人口舌生津。
面对这样的茶，让人肃然起敬，它庄重得犹如清廉耿介的大臣，端庄得又像倾国倾城的美人。
特意写下这首小诗，记载我恭敬地举杯品饮武夷三味茶的地方，美丽的藤花轻轻地落在栏杆之上，是那般的美丽与动人。

五、唐寅的《〈事茗图〉题诗》

唐寅，字伯虎，号六如居士，是明代杰出画家，他喜茗饮、观茶事、画茶境。他的《事茗图》是很有名的茶画，描绘苏州文人事茗待客的悠闲生活。景物设置幽雅恬静，居处前临悬崖、巨石，背靠高山、流泉，庄外溪水潺潺，绿树掩映。这首是唐寅题在《事茗图》上的诗，表现了文人学士们隐迹山林、瀹茗闲居的理想生活。

事茗图

日长何所事，

茗碗自赍持。

料得南窗下，

清风满鬓丝。

意译参考

日子这么漫长，每天最想做的事，

是端起一杯茶，馈赠给自己。

这才是最惬意的时光，依靠在南窗下，

任由清风拂过我的鬓发。

第二节　饮茶趣闻

历代文人雅士、僧人喜饮茶，茶成为他们生活的重要部分和情感的依托，并留下许多与茶有关的趣闻逸事。

一、佳茗似佳人

宋代文人爱好饮茶成为风尚，苏东坡非常喜爱茶，有关他与茶的轶事也很多。

苏东坡的一生，足迹遍及各地，从峨眉之巅到钱塘之滨，从宋辽边陲到岭南海滨。长期任地方官和遭贬谪的生活，为苏东坡提供了品饮各地名茶的机会，也让他在艰苦之时保留一腔向上飞扬的胸襟，在困难之境保持乐观的人生态度，也反映了苏东坡的生命之茶不间断地飘出诗意的芳香。

他一生写过近百首咏茶诗词，其中被人津津乐道的是《次韵曹辅寄壑源试焙新芽》："仙山灵草湿行云，洗遍香肌粉未匀。明月来投玉川子，清风吹破武林春。要知冰雪心肠好，不是膏油首面新。戏作小诗君一笑，从来佳茗似佳人。" 在苏轼的笔下，新茶似刚刚出浴的美人，如出水芙蓉，冰肌玉肤，粉妆未匀。喝起来会带给人一种温暖的春意，有天然的真味和内在的真美。尤其是"从来佳茗似佳人"一句，生动形象，让人拍手称赞，成为咏茶的千古佳句。明代张岱说："但以佳茗比佳人，自古何人见及也！"

二、赌书泼茶

宋代词人李清照和她的丈夫赵明诚非常爱茶。据记载，李清照与丈夫回山东青州闲居时喜欢玩一个游戏，两人随手抽出一本书，随便翻开一页，就向对方提问，某事某人出自何书何卷何页，答出来者为赢，可先饮茶。由于赢者太开心了，不小心把茶洒了一身。这就是"赌书泼茶"的典故。李清照把此事记于《〈金石录〉后序》，"赌书泼茶"因此成为流传至今的千古佳话，用来形容夫妻之间琴瑟和鸣、相敬如宾。

后人作诗词，常将此典故写入其中。比如清代纳兰性德有一首《浣溪沙》，其中有一句"赌书消得泼茶香，当时只道是寻常"，用来悼念亡妻卢氏。

宋 刘松年《撵茶图》（局部）

三、苏轼和司马光妙论茶与墨

苏轼与司马光是宋仁宗、宋哲宗两朝的同事，又都喜好茶与书法。一日，两人谈论到茶与书法时，司马光说：茶与墨正相反，茶欲白，墨欲黑；茶欲重，墨欲轻；茶欲新，墨欲陈。

苏轼说：诚然，茶与墨的确有某些特质不相同，但它们也有相同之处。

司马光说：有哪些相同之处？

苏轼说：凡奇茶妙墨都有自己个性的芳香，体现了它们的品德；都有坚挺的体质（茶是指团片茶），呈现了它们的品性。这犹如贤人君子，虽然在形体的美与丑、肤色的黑与白上有不同，但他们处世待人的德操与丰厚的学识蕴藏则是相同的。

这是宋人赵令畤在《侯鲭录》中记述的一件逸事，意在以奇茶妙墨喻贤人君子，君子虽有美丑、黑白之别，品性德操是相同的。

第三节　我喜爱的茶点

茶点具有精致小巧、品质优良且丰富多样的特点，茶点与茶在搭配上具有一定的技巧。

一、含茶的茶点

我们已经学习过一些关于含茶与不含茶茶点的知识，本节我们进一步了解含茶与不含茶的茶点，以及茶与茶点的搭配。

1. 用茶叶制作的茶点

直接用茶叶制作的茶点，如安徽的炸雀舌，色泽金黄，玲珑精致，形似雀舌，口感细嫩，清香甘甜。

炸雀舌

2. 用茶汤制作的茶点

将茶叶或茶粉冲泡后取其汁，再掺入面粉或米粉或其他原料中制作而成的茶点，如各种茶糕、茶冻等。这类茶点茶香浓郁，口感或细腻柔软或香甜可口。

菊花茶冻

3. 用茶粉制作的茶点

如末茶饼干、末茶蛋糕、龙井茶酥、茶食三珍等。这类茶点具有茶叶自然的清香，又可以与其他原料很好融合。

龙井茶酥

湖州的茶食三珍——桔红糕、末茶桃酥、茶糕

二、不含茶的点心

不含茶的茶点主要包括前面所介绍的中式点心、西式点心以及各地特有的一些地方小食，如苏州的寸金糖。

苏州的寸金糖

三、茶点与茶的搭配

我们依据茶的特性和茶点的特色来进行巧妙的搭配，达到相得益彰的效果。民间素有"甜配绿，酸配红，瓜子配乌龙"的茶点搭配口诀。

茶的种类众多，每种茶具有或清淡或浓郁，或寒凉或温热等不同的特性，因此在茶点的搭配上需要考虑到茶的特性：绿茶、白茶性清凉，可以选择暖性或温性的茶点；红茶性温，可以选择食性稍凉的茶点；黄茶性平和，搭配茶点相对随意一些；青茶香与味浓醇，可以搭配低糖和咸味茶点；黑茶消脂解腻，可以搭配高热量甘甜肥美的点心。好茶配上适宜的茶点，才能相互映衬，起到1+1大于2的效果。

第三章　饮茶的好处多多

茶叶是健康饮品，饮茶能够让人健康长寿。本章介绍茶汤中含有的营养、功能成分，以及饮茶对身体健康带来的益处。

第一节　饮茶的老人更长寿

茶叶中含有多种营养物质和功能成分，包括茶多酚、氨基酸、蛋白质、茶多糖、矿物质等，饮茶让人更长寿和健康。

一、茶叶中的物质成分

据现代科学检测，茶叶中含有600余种物质，其中有机物质有500余种，占总量的93.0%～96.5%；无机化合物有100余种，占总量的3.5%～7.0%。

茶多酚

1. 干茶中的物质成分

① 茶多酚类，包括儿茶素类、黄酮类等40余种物质组成的化合物，含量约占茶叶干物质总量的15%以上，高的可超过40%，大叶种茶叶中含量高于中小叶种含量。

② 茶色素类，包括叶绿素、茶黄素、茶红素、β-胡萝卜素等，占干物质总量的15.36%～33.42%。

茶黄素

③ 茶多糖，是一类组成复杂的混合物，含量约占干物质的20%以上。

④ 茶皂素，为五环三萜类化合物的衍生物，含量只占干物质总量的0.07%左右。

茶红素

⑤ 蛋白质，为高分子量的含氮有机物，占干物质总量的20%～30%，其中只有10%左右可溶于热水。在茶叶中构成蛋白质的主要成分是氨基酸，共有30余种，大多数为人体所必需，其中有8种是人体自身不能合成的。茶叶中的游离氨基酸含量为干物质总量的2%～8%，其中茶氨酸约占游离氨基酸总量的50%。

茶多糖

⑥ 生物碱，为一种嘌呤类化合物，包括咖啡因（咖啡碱）、可可碱、茶叶碱，占干物质总量的3%～5%，其中咖啡因占2%～4%，可可碱与茶叶碱占1%。

⑦ 矿物质，茶叶中的矿质元素相当丰富，其中磷、钾含量最高，钙、镁、铁、锰、铝次之，铜、锌、钠、硫、硒、氟为微量元素。

2. 茶汤里的物质成分

干茶中的物质不能全部溶解于水。茶叶中可溶于热水的物质通常称为水浸出物，主要成分包括茶多酚、氨基酸、咖啡因、水溶性果胶、可溶性糖、水溶蛋白、水溶色素、维生素和无机盐等。茶汤的风味品质及健康功效是茶汤中各种成分协同作用的结果。

茶叶中有些成分易于浸出，有些成分较难浸出，这与各种物质的溶解特性有关。绿茶经一次冲泡后，各种成分的浸出率相差很大。氨基酸是最易溶于水的物质，其浸出率最高，一次冲泡浸出率大于80%；其次是咖啡因，一次冲泡后可浸出70%；茶多酚的一次冲泡浸出率较低，通常小于50%；可溶性糖的浸出率也相当低，小于40%。

二、饮茶者更长寿

1. 长寿的乾隆皇帝爱喝茶

中国历史上有230多位皇帝，长寿的前三名为：南北朝梁武帝萧衍，活到86岁；女皇武则天活到82岁；而乾隆皇帝则活到了89岁，是皇帝中最长寿的。

乾隆根据自身体会，总结了养生四诀：吐纳肺腑，活动筋骨，十常四勿，适时进补。乾隆起居饮食很有规律。他早上大约6点多起床，先洗漱后用膳。早餐后处理政务，然后与大臣议事，午后游览。晚饭后，看书习字，作文赋诗，然后就寝。饮食多以新鲜蔬菜为主，少食肉类、野味，并且从不过饱。乾隆终生嗜茶，传说他在85岁禅位时，有老者惋惜地说："国不可一日无君。"乾隆则幽默回应："君不可一日无茶。"乾隆对饮用水十分讲究，御用水为西山玉泉水。

2. 高寿的当代茶圣吴觉农

吴觉农原名吴荣堂，因立志要献身农业（茶业），故改名觉农。

吴觉农博学多才，不慕官禄，艰苦创业，矢志振兴中国茶业，为我国当代茶学研究、教育、生产贸易等方面作出了重要贡献。

他是我国当代茶学的开拓者和奠基人。吴觉农主编《茶经述评》《中国茶

吴觉农

叶问题》《中国地方志茶叶历史资料选辑》，将南宋嘉泰年间（1201年起）至1948年编撰的16个省、区的1226种省志和县志中有关茶的历史资料悉数收录。

90大寿时，吴觉农谈到他和夫人长寿的奥秘，道出了平时多喝茶、多吃水果的答案。他把茶叶视为珍贵的饮料，认为饮茶是一种精神上的享受，是一种艺术，更是一种修身养性的手段。

3. 活到茶寿的张天福

张天福，中国当今"茶界寿星"，活到108岁（茶寿）。其一生，自青年时期始，种植茶、制作茶、研究茶、传播茶。张天福先生是近代我国第一位赴日本考察茶业的青年学者，设计、制造了我国第一台手推揉茶机，结束了用脚板揉茶的历史。张天福撰写了《我国战后茶业建设》《台湾之茶叶》《福建茶史

张天福（福建省茶叶学会 提供）

考》等，提出茶文化精神——俭、清、和、静。张天福先生说："我就是饮茶长寿的活标本。"他长寿的秘诀是："一日三餐外除了茶没有其他的保健品摄入，也无烟酒和其他嗜好。"

第二节　饮茶的少年牙齿美

茶叶含有丰富的氟元素和茶多酚，氟对牙齿的形成和骨骼的发育有重要作用，茶多酚具有杀菌消炎的功效，因此，饮茶可以让我们的牙齿更健康。

一、饮茶保护牙釉质

饮茶具有防龋固齿作用，古今中外都有报道和记载。现代医学研究证明，经常饮茶可有效地防止牙齿出现龋齿，这主要与茶叶含氟、茶多酚等成分有关。此外，饮茶还具有增强牙齿抵抗力的功效。

茶树是一种富含氟的植物，其氟含量比一般植物高十倍至几百倍。学者对茶叶中氟含量进行的研究证实，成人每天饮茶10克，就能满足人体对氟的需求；青少年每天饮茶汤100毫升左右（茶水比为1∶100），比不饮茶的青少年患病率减少57.2%；用茶水漱口的儿童患龋齿的概率比不用茶水漱口的少80%。另外，经常饮茶增加了口腔的水液流动量，能帮助保持口腔卫生；茶叶中的糖类、果胶等，与唾液发生化学反应，能滋润口腔，增强口腔的自洁能力。

二、饮茶杀灭口腔中的"小虫虫"

1. 口腔中有些"小虫虫"

病从口入，很多细菌会通过食物进入到体内，口腔是细菌进入的第一环节，那么口腔中的细菌一般有哪些呢？或者说口腔中会有哪些"小虫虫"呢？

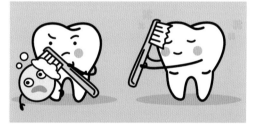

口腔中有弱碱性唾液、食物残渣等，为正常菌群的繁衍提供了合适条件。最常见的菌群是厌氧链球菌、乳杆菌等。厌氧链球菌中有一种变异链球菌，能分解食物中的淀粉（蔗糖）产生高分子量、黏度大的不溶性葡聚糖，从而将口腔中其他菌群黏附于牙齿表面而形成菌斑。乳杆菌能使多糖类物质发酵，产生大量酸，从而使牙釉质和牙质脱钙，造成龋齿。

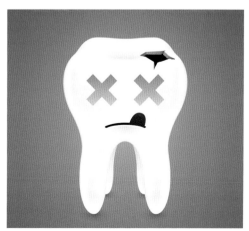

2. 茶汤可杀灭"小虫虫"

茶汤中的茶多酚有抑制细菌的胶原酶活性的作用，从而抑制细菌的生长。

茶汤还有清除口臭的效果。口臭是由于人们进食后残留在牙缝中的食物成为细菌增殖的基质而形成的，茶多酚类化合物可以抑制细菌的产生，从而达到减轻口臭的作用。

饮茶对人的口腔健康具有重要的作用，尤其对儿童的口腔保健具有积极的影响。

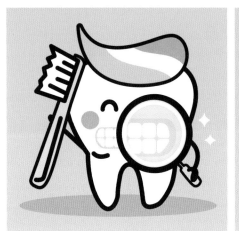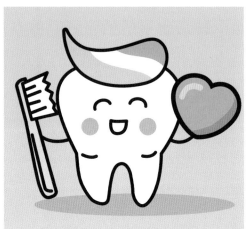

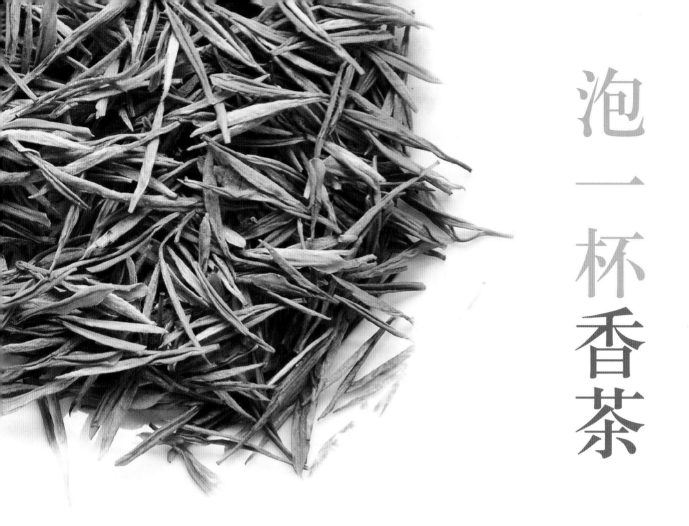

泡一杯香茶

第一章　习传统礼仪

本章继续学习口容、手容两大容礼和接待礼仪等。我们应时时习之，做个彬彬有礼的中国人。

之前我们学习了立容、坐容、行容、色容、视容等，本节我们继续学习口容与手容。

一、口容

口容是口部的仪容。杨津是北魏孝文帝的侍卫，一次忍不住咳痰，为了不失礼，他就吐到了袖子里。冯太后听到咳唾声，却没发现痰迹，询问其缘故，杨津如实禀告。冯太后非常欣赏他行事谨慎，就大大地奖励了他。

1. 口容

首先，不论是口腔，还是嘴唇、嘴角，都要保持洁净。

其次，“口容止”是口容的基本要求。一般情况下，我们的双唇要保持微微闭合的状态，不宜妄动。如做出噘嘴、嘟嘴、舔嘴唇等动作，都是失礼的行为。

2. 咳唾

在公共场合，不宜打喷嚏、打哈欠、咳嗽、吐痰。如果身体不适，则要跟身边的人致歉，然后走到隐蔽的地方，用手帕掩住口部解决，并且要尽量放低声音。

饮食时，不可以咳唾、擤鼻涕。别人邀请我们享用某种饮品、食物时，尤其不可以咳唾。那样的话，不仅不敬，而且会有嫌弃食物的嫌疑。

二、手容

手容是关于手的仪容。我们从安放双手（措手）、取拿物品（执持）、传递物品（授受）三个方面来学习。

1. 安放双手

一般情况下，我们可以两手交拱，自然下垂，也就是垂拱。拱手时，男生左手在外，女生右手在外。如果是端坐在桌子后面，则可以两手交拱放在桌面上，但肘部不宜横放。

礼仪场合，手不要妄动，也不宜做小动作。另外，有些手势也要多加注意，比如指示他人时，应该舒掌相示，不应该用手指指人。

2. 取拿物品

取拿物品即为执持，既要恭敬，又要谨慎。恭敬表现为执持物品要达到一定高度。捧持物品，高度一般要与心齐平；提持物品，高度一般要与腰带齐平。如果低于这样的高度，就是懈怠了。

执持轻的物品，要像执持沉重的物品一样，好似拿不动它；执持内空的器物，就像执持装满东西的器物一样。茶事活动中，经常执持各种器具，应该本着这样的要求去做。

3. 传递物品

执持物品后，下一步就是放置物品或传递物品。放置物品要轻缓，尽量不要发出声音。传递物品称为授受。

（1）授受方式

有三种授受方式：并授受、讶授受、奠授受。

① 并授受：传递物品时，两人面朝同一方向，叫作并授受。并授受时，授者要站在右侧，受者要站在左侧。

② 讶授受：两人面对面授受，叫作讶授受。这是生活中最常见的授受方式。讶授受对面位没有特别要求。

③ 奠授受：授者将物品放置于桌面（或地面）上，然后受者取去，这样的方式叫作奠授受。茶事活动中，奉茶给宾客，常采取奠授受的方式。因为茶杯较小，而茶汤又比较烫，奠授受既合适又安全。

（2）授受注意事项

授受时，还应该注意下面的一些事项。

① 不论是授者，还是受者，传递物品时都要用双手，不可只用一只手。

② 递送物品时，要方便对方。如果对方站着，自己就不要坐下来；如果对方坐着，自己就不要站立起来。

③ 凡有首尾的物品，应该将物品头部朝向受者，不可将物品尾部朝向受者。若传递文字材料，文字要朝向受者，便于对方阅读。

④ 凡有刃的物品，传递时应该将把手递给对方，而将刃部朝向自己。

三、爱护身心

《孝经》说："身体发肤，受之父母，不敢毁伤。"意思是：身体是父母送给我们的最珍贵的宝贝，所以，我们应该珍视、爱护自己的身体，尽量不要让它受到伤害。一些具有潜在危险的事情，比如爬到高处、站在河边或站在危险的墙壁下面等，我们都应该尽量避免。

父母给予我们的不仅有身体，还有心灵。心灵与身体相比，更加重要。古人把身体看作小体，把心灵看作大体。因此，我们也要保护好自己的心灵，并且要用知识与德行去滋养它，让它也像身体一样不断成长。

如果我们没有保护好自己的身体而受到伤害，就会让父母感到担忧；如果我们没保护好自己的心灵而品行不端，就会让父母蒙受羞辱。所以，孝敬父母从保护好自己的身体与心灵开始。

第二节　接待礼仪

迎来送往是人际交往中的基本社交礼节。迎即接，包括欢迎和接待。学会得体、大方地接待客人也是小茶人的必修课。

一、座位的安排

1. 请客人上座

这里的"上座"指的是受尊敬的席位。当有客人来访时，主人往往会给客人安排一个舒适的位置，表示对客人的欢迎和尊敬。那么，"上座"一般指的是哪些位置呢？

① 离门口远一些的位置，这样免于过多的干扰。

② 如果房间没有窗口，可以选择对着门口的位置，这样以便了解房间进出的情况，比较有安全感。

③ 中间的位置，中间的位置一般比较重要。

④ 如果窗外有景色，那就把正对景色的位置留给客人。

⑤ 如果空间比较狭小，有过道或者多扇门，那么就把靠墙的位置留给客人，比较安全。

2. 引导客人入座

除了常规的座位安排，有时候茶会或活动也会用抽签的方式决定客人的位置。抽签找座位要注意以下事项：

① 事先熟悉座位安排。

② 有序抽签，人多时要主动用"一米线"的方式进行排队。

③ 引领客人对号入坐。

二、上茶与续水

为客人端一杯茶，续一杯水，这些看似简单的事情，也有很多讲究。如果能够注意到这些细节，不仅能让客人感受到主人的热情好客，也会让客人体会到被尊重的感觉。

1. 上茶

引导客人入座以后，就可以准备上茶了。那么，上茶时要注意哪些细节呢？

① 可以提前了解客人饮茶的喜好和习惯，显得主人细致周到。

② 如果准备了点心、水果，可以先将茶点端出，再上茶。

③ 上茶时使用茶托、茶盘，奉茶时用双手。

2. 续水

要提前准备好茶水，当客人杯子里的水已经饮了一大半时，就可以为客人续水了。如果等到客人喝完，杯子见底时再续水，就会显得主人怠慢了。续水时要注意以下事项：

① 续水前要先征询客人的意见，按照客人的要求续水。

② 在确保安全的前提下为客人续水，注水壶的口和底部都不要对着客人。

③ 续水的水量是茶杯的七分满左右，太满不便于客人拿取。

第二章　调饮一款香甜的茶

我们已经学习了泡一杯绿茶和红茶，这一章我们尝试一下，在茶汤中加入花草、奶、水果等食材，调饮一款香甜的茶。

第一节　茶香与茶味

在调制茶汤前，要先分清不同茶叶的香气和滋味，这需要亲自去感受哦。

一、香气

香气是茶叶冲泡后散发出来的气味。不同茶叶的香气是不一样的，但只有好闻、让人喜欢的香气才算好的。让我们先学习以下3种茶汤的香气。

1. 清香

清香是绿茶最常出现的香气，让人感觉清新自然，就像在春天的清晨，走进公园的树林里，闻到树木、花、草的气味，新鲜、自然、充满活力。

2. 甜香

甜香是红茶香气的主要特征。红茶的甜香，既像是蜂蜜的香气，也像是成熟甜桃的香气，所以很受大家的喜爱。

3. 花香

茶叶不是鲜花，但冲泡乌龙茶时我们能闻到像鲜花一样的香气。这就是说，茶叶中含有的香气成分和鲜花的花香相似。花香是高品质茶叶的香气表现。

栀子花

二、滋味

茶汤好不好喝是第一重要的，让我们先学习以下3种茶汤的滋味。

1. 鲜爽

鲜，说明茶汤有新鲜感，有点像好喝的鸡汤一样；爽，就是茶汤入口后有一定的收紧刺激感，但不是难受。鲜爽是口感新鲜茶叶的共同品质特点。

2. 甘甜

甘甜，是好品质的茶汤入口后会出现的一种让人愉快的感觉。甜代表茶汤中有可溶解的糖。很多茶叶都有先苦后甜的滋味，这叫回甘。

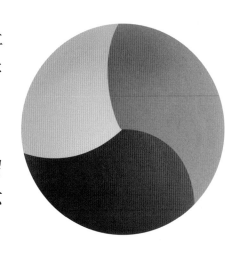

3. 醇厚

醇厚是指口中的茶味丰富、饱满，味道的保留时间长，刺激却不重。茶汤口感适度、有茶味但不涩口。

第二节　三种"天泉水"

雨水、雪水、露水也是自然界的水，被古人称为"天泉水"，常常被收集起来用于泡茶。如《红楼梦》中描述了妙玉用青瓷瓮收集梅花花瓣上的雪水，并埋藏五年之后用来泡茶的故事。我们一起来认识一下三种"天泉水"。

一、认识水

1. 雨水

雨水是常见的自然界的水。天空中的水蒸气凝结变大以后掉落下来便成了雨水。一般南方多雨水，北方少雨水。

2. 雪水

冬天很多城市会下雪，雪是水的另一种形态，当雪遇热融化后，就成了雪水。

3. 露水

清晨早起后，在树叶上、花朵上看到的小水滴就是露水。

雨水

雪

露水

二、测量水温

在前面的学习中，我们已经知道了泡茶的水温会影响茶汤的香气和滋味。下面让我们一起来学习一下用温度计测水温。

1. 数字温度计测温

使用时，将数字温度计的金属指针伸入水中，等待几秒钟，待数字固定后，看看温度计上显示的数字是多少，这就是水的温度。

2. 玻璃温度计测温

使用时，将温度计的玻璃泡伸入水中，等待几秒钟，温度计上红线会向上移动，待红线固定后，看看红线停在了什么地方，对应的数字就是水的温度。

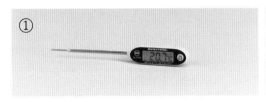

数字温度计   玻璃温度计

【想一想】生活中，还有哪些地方会显示水的温度呢？

三、水温的变化

同样温度的水，注入不同的容器中，水温变化会不一样。

【试一试】准备80℃的水，以及瓷、玻璃、不锈钢三种不同材质的容器，或者玻璃壶、玻璃碗、玻璃杯三种不同形状的容器。

80℃的水   不同形状的玻璃容器

将80℃的水同时注入三种不同的容器中，每隔1或2分钟用温度计测量不同容器中的水温，观察十分钟内它们的温度变化是否一样。

【参考答案】因为不同的容器保温效果不一样，注入相同温度的水后，水温下降速度不一样。

容器保温效果由材质、器型等多种因素决定。从材质导热率上来看，导热率越大散热越快。保温效果：陶＞瓷＞玻璃＞金属；从容器器型上看，器型越聚拢保温效果越好，越敞开保温效果越差；保温效果：壶＞杯＞碗。

操作时一定要注意安全，以防烫伤。

不同材质的容器

第三节 认识茶器

我国的茶器种类繁多、造型优美，既具有实用价值又具有一定的艺术欣赏价值。了解调饮茶器的种类，选择合适的调饮茶器，让调饮茶的"颜值"更高。

○─ 小贴士 ─○

常用茶器材质有金属、陶、瓷、玻璃等。清饮大多是热饮，而调饮有热饮，也有冷饮。为了给品饮者带来味觉与视觉上的新体验，常选用一些新颖的器具作为调饮茶器具。

瓷茶器与玻璃茶器为常用的调饮茶茶器。

瓷茶器

玻璃茶器

一、调饮茶器种类

1. 放置配料与茶点的器具

放置配料与茶点的器具按照材质可分为竹木类、陶瓷类、玻璃类、金属类等。

① 竹木类器具：天然、古朴，充满自然意趣。

② 陶瓷类器具：中国风比较浓郁。

③ 玻璃类器具：晶莹剔透，更容易欣赏到茶点、配料的形与色。

④ 金属类器具：金属的色泽与质感使配料与茶点平添了几分高贵与优雅。

竹木类器具

陶瓷类器具

玻璃类器具

金属类器具

2. 调饮茶器具

① 调饮器：原来是用来调制鸡尾酒的器具，现在也用于调制茶饮。调制冰茶时，把茶汤、冰或者各种果汁等配料放入调饮器充分摇晃，融合后的茶汤既好喝、又好看。

② 硅胶模具：制作冰茶时，将茶汤倒入模具后放冰箱冷冻。在冲泡好的调饮茶中放入形状各异的茶冰，既得到了冰凉的效果，又保持了茶汤的浓度，还给品饮者带来了视觉上的愉悦。

③ 煮茶器：适合主料需要长时间浸润、烧煮的调饮茶。

| 调饮器 | 硅胶模具 | 煮茶器 |

3. 盛汤茶器

① 用造型奇特的瓷茶器盛汤。

② 用晶莹时尚的玻璃茶器盛汤。

| 瓷盛汤器 | 玻璃盛汤器 |

4. 辅助器具

调饮时需要一些辅助器具，如冰铲、冰镊、凉汤器、匀杯等。

| 匀杯 | 冰镊 | 冰铲 |

【试一试】请你使用调饮器制作一杯色彩丰富的冰茶。

二、选择调饮茶器

不同主题的调饮茶应选择不同的茶器。在茶器的选择上，遵循能使茶汤获得较好的色香味、造型美观并具有艺术欣赏价值的原则。

1. 奶茶

分别以红茶、青茶和黑茶为主料调制奶茶时，选择玻璃茶器或白瓷茶器，能获得较好的色香味。

2. 其他调饮茶

分别选用绿茶、黄茶、青茶和红茶为主料，调制花草茶、水果茶、养生茶、鸡尾茶，选用玻璃材质的杯、盖碗或壶，可以欣赏到茶汤鲜艳的色泽和优雅的"茶舞"，边泡饮边观赏食材浮动、变幻的风姿。

分别选用青茶、普洱茶为主料，调制花草茶、水果茶、养生茶，选用造型美观和纹饰精美的瓷茶具或者保温性强的紫砂壶，这样冲泡的茶汤澄清润亮、香味醇厚，能获得较好的效果。

红茶奶茶，内壁白色的瓷茶器

水果茶，玻璃茶器

第四节　制作调饮茶

茶调饮的制作主要包括原料配比、原料投放、调饮操作以及饮品摆盘等。需要特别注意，调饮茶中添加的食材需要符合国家卫健委发布的最新版《新资源食品目录》《普通食品目录》等要求，具体可参考GH/T 1091—2014《代用茶》标准。

一、常见的调饮茶

除了清饮，调饮也一直是中国人饮茶的重要方式。茶饮的多元化意味着喜好的多样化，调饮茶正受到越来越多儿童、青少年的喜欢。

1. 汉方草药茶

汉方草药茶是将单方或复方的中草药与茶叶搭配，采用冲泡或煎煮的方式制成的调饮茶，如八宝茶。

汉方草药茶——八宝茶

2. 花草茶

花草茶是以花卉植物的花蕾、花瓣或嫩叶等为材料，经过加工后加入茶汤中制成的调饮茶，如薄荷玫瑰花茶。

3. 五谷茶

五谷茶是由单种或者多种五谷杂粮研磨成粉，或与其他茶叶一起浸泡制成的调饮茶，如擂茶。

4. 水果茶

水果茶是指用某些水果与茶汤一起制成的调饮茶。

5. 奶茶

奶茶为蒙古族等游牧民族同胞的日常饮品，其他地区也有不同口味的奶茶，包括冰奶茶、热奶茶、珍珠奶茶、花式奶茶等。

6. 鸡尾茶

鸡尾茶是在茶汤的基础上，加入其他饮料或花草混合而成的调饮茶。

7. 节气茶（时令茶）

每个节气都是一个气候变化的节点。一杯时令调饮茶，应时、健康。如：

① 雨水：柑普茶；

② 清明：青豆茶；

③ 芒种：梅子茶；

④ 小暑：菊花普洱；

⑤ 白露：桂花乌龙等。

二、制作柠檬冰红茶

柠檬冰红茶是一款比较受欢迎的基础调饮茶，在夏季添加适量冰块，能增加其清爽的风味，深受青少年喜欢。

花草茶

擂茶（五谷茶）

水果茶

鸡尾茶

1. 配料

红茶汤150毫升、绿柠檬1/4个、黄柠檬1/4个、黄柠檬1片、柠檬糖浆少许、冰块若干。

果汁机、柠檬　　　　冰块　　　柠檬汁　　　柠檬糖浆　　　红茶汤　　　调饮器

2. 器具

盖碗、匀杯、果汁机（或手动榨汁机）、调饮器、玻璃杯、凉汤器、冰铲等。

3. 流程

① 用90℃热水150毫升，冲泡3克红茶，浸泡2分钟左右，红茶汤放到装有冰块的碗中降温至40℃左右备用。

② 将柠檬切小块投入果汁机榨汁备用。

③ 依次将冰块、柠檬汁、糖浆、茶汤置入调饮器，摇晃至无声，倒入饮杯中。

④ 插入干净彩色吸管，用柠檬片装饰杯口。

柠檬红茶

4. 注意事项

① 饮品制作结束后，将操作台上的器具清洗干净。

② 品饮对象为少儿时，可以减少茶叶浸泡时间或投茶量，以适当降低茶汤的浓度。

三、制作蜜桃乌龙茶

以蜜桃乌龙茶为基底茶，蜜桃香味本身就具有香甜迷人的气息，搭配水蜜桃果肉，增添了茶汤的新鲜感，加入红石榴糖浆，使汤色呈现粉红色，再加入养乐多，令饮品出现梦幻的视觉效果，最后点缀彩虹星星糖，一杯可爱的饮品就完成啦！

1. 配料

蜜桃乌龙茶茶汤200毫升、水蜜桃1/2个、养乐多1瓶、彩色星星糖果数粒、红石榴糖浆适量、冰块适量。

2. 器具

小壶（或盖碗）、匀杯、调饮器、冰铲、凉汤器等。

3. 流程

① 用200毫升90℃热水，冲泡5克蜜桃乌龙茶，浸泡2分钟左右，蜜桃乌龙茶汤放入装有冰块的碗中降温至40℃左右备用。

② 将水蜜桃清洁后去皮去核，切成小块备用。

③ 依次将冰块、水蜜桃果肉、红石榴糖浆、茶汤置入调饮器，摇晃至无声，倒入饮杯中，随即将养乐多沿杯壁缓缓倒入杯中。

④ 将数粒彩色星星糖果撒在饮品顶层作为装饰。

| 冰块 | 水蜜桃块 | 红石榴糖浆 | 茶汤 | 调饮器 |

蜜桃乌龙茶

四、制作桂花绿茶

这是一款具有地域风格的饮品，选用杭州的桂花龙井为基底茶，添加了桂花蜜与橙汁，汤色与桂花的蜜黄色互相呼应，增强了汤色的浓度和滋味的甜度。桂花细细落在饮品的表面，如同秋季落下的一场桂花雨，令人想起秋天的江南。

1. 配料

桂花龙井茶汤200毫升、鲜橙汁100毫升、桂花干适量、桂花蜜适量、冰块适量。

2. 器具

盖碗、匀杯、调饮器、冰铲、量杯、凉汤器等。

| 冰块 | 橙汁 | 桂花蜜 | 茶汤 | 调饮器 | 桂花绿茶 |

3. 流程

① 用200毫升80℃热水，冲泡4克桂花龙井，浸泡3分钟左右，沥汤备用。

② 桂花龙井茶汤放到装有冰块的碗中降温至40℃左右备用。

③ 依次将冰块、鲜橙汁、桂花蜜、茶汤置入调饮器，摇晃至无声，倒入饮杯。

④ 将桂花干自然撒落在汤面沫饽之上，选取一两片龙井茶叶底放到表层作为饮品装饰。

参考文献

陈彬藩，余悦，关博文，1999．中国茶文化经典[M]．北京：光明日报出版社．

陈洪华，2007．茶点之论[J]．四川烹饪高等专科学校学报，(02)：08-10．

陈宗懋，杨亚军，2011．中国茶经[M]．上海：上海文艺出版社．

江用文，童启庆，2008．茶艺师培训教材[M]．北京：金盾出版社．

康志勇，李晓涛，田文，等，2022．地表水/地层水水型分类及其划分方法[J]．地球科学与环境学报，44(01)：65-77．

骆耀平，2008．茶树栽培学[M]．北京：中国农业出版社．

李露，吕佳倩，江承佳，等，2016．茶多酚对心血管保护作用研究进展[J]．食品科学，37(19)：283-288．

廖资生，1998．地下水的分类和基岩裂隙水的基本概念[J]．高校地质报，(04)：114-118．

刘欠，刘雅璇，肖娟，等，2018．茶叶美容护肤作用机制及应用研究进展[J]．中国医药导报，15(33)：41-42．

钱时霖，姚国坤，高菊儿，2016．历代茶诗集成[M]．上海：上海世纪出版集团，上海文化出版社．

钱时霖，1989．中国古代茶诗选[M]．杭州：浙江古籍出版社．

裘纪平，2014．中国茶画[M]．杭州：浙江摄影出版社．

阮浩耕，沈冬梅，于良子，1999．中国古代茶叶全书[M]．杭州：浙江摄影出版社．

阮建云，等，2020．一杯茶中的科学[M]．北京：中国科学技术出版社．

汤鸣绍，林春莲，2012．饮茶可促进人体健康[J]．福建茶叶，34(02)：41-45．

吴亮宇，林金科，2011．茶多酚抗辐射研究进展[J]．茶叶，37(04)：213-217．

杨亚军，梁月荣，2014．中国无性系茶树品种志[M]．上海：上海科学技术出版社．

周红杰，李亚莉，2017．民族茶艺学[M]．北京：中国农业出版社．

周文柏，1992．中国礼仪大辞典[M]．北京：中国人民大学出版社．

周智修，2018．习茶精要详解 上册[M]．北京：中国农业出版社．

周智修，2018．习茶精要详解 下册[M]．北京：中国农业出版社．

周智修，江用文，阮浩耕，2021．茶艺培训教材[M]．北京：中国农业出版社．

郑培凯，朱自振，2007．中国历代茶书汇编校注本[M]．香港：商务印书馆．

后记

我们近40位专家学者怀着虔诚而忐忑的心情，历时5年，编撰了这套丛书。因为孩子们的心地如一张张纯洁的白纸，在这些白纸上书写的每一笔，我们都需要谨之又谨、慎之又慎。

在此，特别感谢浙江省政协原主席、中国国际茶文化研究会荣誉会长周国富先生，中国茶叶学会名誉理事长、中国工程院院士陈宗懋先生的指导与帮助，并为本书撰写珍贵的序言；同时，郑重感谢知名茶文化学者阮浩耕先生，为本书查阅了大量的文献古籍，将一字一句手写的书稿交付我们；感谢上海市黄浦区青少年艺术活动中心高级教师、上海市校外教育茶艺中心教研组业务组长张吉敏女士提供了丰富的第一手资料；感谢礼仪学者张德付先生，帮助我们首次将传统礼仪融入少儿茶艺培训；感谢王元正、李若一、江欣悦、熊思源、张家铭、郭紫涵、王东骏、汤承茗、张逸琳、刘彦言等小茶友的认真演示；感谢周星娣副编审、陈亮研究员、方坚铭教授、邓禾颖研究员、关剑平教授、金寿珍研究员、尹军峰研究员、朱红缨教授、朱永兴研究员等严谨、细致的审稿工作，特别感谢周星娣老师给予我们的书籍出版专业意见。我们很幸运，一路上有这么多专家的指导与支持，为丛书的科学性、正确性、实用性"保驾护航"。

还要特别感谢中国茶叶学会秘书处、中国农业科学院茶叶研究所茶业发展战略研究与文化传播中心的伙伴们的倾心付出，司智敏、梁超杰、马秀芬、袁碧枫、邓林华等虽未参与写作，但先后承担了大量具体工作。感谢中国农业出版社李梅编审对丛书的专业编辑。感谢为本书提供图片作品的所有专家学者，由于图片量大，若有作者姓名疏漏，请与我们联系，将予酬谢。

本套丛书是继《茶童子喝茶》《茶艺培训教材（I～V）》《一杯茶中的科学》《习茶精要详解》《茶席美学探索》《茶知识108问》《100 Questions and Answers about Tea》《Know Tea, Know Life》等书籍出版后，又一个全新领域的茶科普作品，是我们对少儿茶文化传播的一次探索，尚有不妥之处，请多指教。同时，团队也将继续一边深入茶文化研究，一边陆续把阶段性研究成果与大家分享！

编委会
2022年立秋于杭州